Christian Henaff

Conseiller pédagogique

RÉSOUDRE DES PROBLÈMES

CE1

Apprendre à comprendre les situations mathématiques

RETZ
www.editions-retz.com
9 bis, rue Abel Hovelacque
75013 Paris

FSC
www.fsc.org
MIXTE
Papier issu
de sources
responsables
FSC® C022030

Sommaire

Préface

Les mathématiques constituent l'une des bases fondamentales de l'enseignement à l'école primaire. Plus encore que pour les autres disciplines, elles ont besoin d'être enseignées de manière progressive et cohérente, de la petite section au CM2.

Construire l'activité mathématique de chaque élève et différencier en tenant compte des éléments de progressivité sont les objectifs que tout enseignant doit se donner aujourd'hui, mais ceux-ci ne se réalisent pas aisément.

L'ouvrage rédigé par Christian Henaff est le fruit d'une large expérience conduite dans les classes, riche, variée, au contact du terrain. Grâce à son expertise pointue, il fournit la pièce maîtresse pour étayer les pratiques quotidiennes des enseignants. Clarté didactique et rigueur dans la mise en œuvre en sont les maîtres mots.

Ayant le souci d'expliciter ses choix, de décrire clairement sa démarche afin de pouvoir la communiquer, la lecture de cet ouvrage permet à l'enseignant de se doter d'une méthodologie rigoureuse pour amener chaque élève à construire et à s'approprier démarches et savoirs nécessaires à la résolution de problèmes.

À travers une base théorique solide et une démarche adaptée, cet ouvrage explicite la mise en œuvre de situations d'apprentissages structurées et structurantes, au service de tous les élèves.

Maryse Lacombe, IEN (circonscription de Tulle nord / ASH)

Préambule

Ce guide pédagogique a pour vocation de présenter des outils pour enseigner la résolution de problèmes. Mais il ne peut s'affranchir de dresser en quelques mots un état des lieux.

Dans les faits, la résolution de problèmes est pratiquée mais pas véritablement enseignée. Les élèves sont mis en situation d'affronter des obstacles sans qu'on leur ait véritablement appris au préalable comment est construit un problème mathématique et comment s'y prendre pour le résoudre. Les « bons » élèves s'adaptent et parviennent à répondre aux attentes ; les élèves « fragiles » non. Les uns construisent par eux-mêmes des savoir-faire, pendant que les autres se perdent dans la globalité de l'activité.

La résolution de problèmes ne doit pas être une simple activité d'évaluation du niveau des élèves. Elle constitue un domaine d'enseignement à part entière, avec une logique de progression et des objectifs intermédiaires à atteindre.

Choix didactiques et pédagogiques

- **Enseigner à partir d'une progression identifiant et articulant tous les apprentissages...** C'est-à-dire éclairer la tâche de l'élève, qui doit pouvoir repérer dans l'enseignement qui lui est dispensé chacune des acquisitions à effectuer, mais aussi la logique de progression des apprentissages.

- **Enseigner une méthodologie de résolution...** C'est-à-dire apporter à chaque élève les moyens de planifier son travail grâce à des savoir-faire solidement installés.

- **Programmer ces apprentissages dans le temps afin de tous les mener à bien...** C'est-à-dire attribuer à chaque apprentissage le nombre de séances et la durée qui lui sont nécessaires, mais aussi coordonner l'ensemble du parcours.

- **Enseigner au rythme d'une séance hebdomadaire...** C'est-à-dire accorder au domaine la place qui lui revient dans les apprentissages mathématiques, la fréquence et la régularité de la pratique étant des facteurs importants de réussite.

- **Enseigner en s'appuyant sur des temps et des supports collectifs pour modéliser, synthétiser ou rappeler...** C'est-à-dire utiliser les interactions lors de temps d'apprentissages ritualisés, mais aussi permettre à chaque élève de disposer de repères visuels lors de ces phases collectives.

- **Enseigner puis entraîner pour automatiser...** C'est-à-dire donner à chaque élève les moyens de gravir les échelons de la difficulté par la maîtrise des fondamentaux.

- **Mesurer avec précision l'évolution des compétences des élèves...** C'est-à-dire évaluer les apprentissages par l'observation et l'étayage de l'activité des élèves lors de chaque séance, mais aussi lors de bilans fournissant aux enseignants matière à une analyse fine et objective des résultats.

Avant d'exposer nos conceptions et nos outils, nous tenons aussi à rappeler que la mise en œuvre des séances et l'analyse des productions des élèves tiennent une place déterminante dans la réussite.

La mise en œuvre doit s'effectuer dans des conditions favorisant les apprentissages. L'attention, l'écoute et l'implication des élèves, le respect du contrat didactique en sont des illustrations.

L'enseignant joue un rôle essentiel, tantôt animant ou régulant le groupe, tantôt étayant l'activité d'un élève. Il guide sur le chemin des apprentissages et croit en les possibilités de chacun.

L'analyse des productions éclaire l'enseignant sur l'état des apprentissages. Par voie de conséquence, elle doit aussi permettre à l'élève de se situer.

Un parcours d'apprentissages encadré par les programmes de 2008

Dans les programmes de 2008, les apprentissages à mener au CE1 s'intègrent dans une progression qui démarre à la grande section de l'école maternelle pour se poursuivre jusqu'au CM2. Prendre connaissance de l'ensemble des programmes permet de situer le CE1 dans le parcours des apprentissages.

Le domaine *Résolution de problèmes* doit être traité en cohérence avec le domaine *Nombres et calcul* puisque c'est ce dernier qui rythme les apprentissages spécifiques des opérations.

	Résolution de problèmes	Nombres et calcul
GS	Résoudre des problèmes portant sur les quantités.	—
CP	Résoudre des problèmes simples à une opération.	Calculer mentalement ou en ligne des sommes, des différences et des opérations à trous.
CE1	Résoudre des problèmes relevant de l'addition, de la soustraction et de la multiplication. Approcher la division de 2 nombres entiers à partir d'un problème de partage ou de groupements. Résoudre des problèmes de longueur et de masse. Organiser les informations d'un énoncé. Utiliser un tableau, un graphique.	Connaître et utiliser les techniques opératoires de l'addition et de la soustraction. Connaître et utiliser une technique opératoire de la multiplication par un nombre à un chiffre. Diviser par 2 ou par 5 des nombres inférieurs à 100 (quotients entiers).
CE2	Résoudre des problèmes relevant des quatre opérations.	Effectuer un calcul posé (addition, soustraction et multiplication). Connaître une technique opératoire de la division.
CM1	Résoudre des problèmes engageant une démarche à plusieurs étapes.	Addition et soustraction de 2 nombres décimaux. Multiplication d'un décimal par un entier. Division euclidienne de 2 entiers. Division décimale de 2 entiers.
CM2	Résoudre des problèmes de plus en plus complexes.	Addition, soustraction et multiplication de 2 nombres entiers ou décimaux. Division d'un nombre décimal par un nombre entier.

Un parcours des apprentissages bien déterminé

– L'enseignement de la résolution de problèmes débute en grande section sans que des compétences en calcul soient mobilisées. On précisera que ces problèmes portent alors sur la comparaison, l'augmentation, la diminution, la distribution ou les partages, c'est-à-dire sur des situations relevant des quatre opérations. S'il est écrit dans les programmes que les problèmes « constituent une première entrée dans l'univers du calcul », c'est par la manipulation, ou plus exactement par simulation du réel, que les élèves résolvent les problèmes de partage par exemple.

– Au CP et dans la continuité, ce sont les problèmes à une opération qui sont au programme, avec utilisation des calculs additifs et soustractifs pour les problèmes qui le permettent.

– Au CE, les élèves vont peu à peu disposer des connaissances et des savoir-faire qui leur permettront de résoudre tous les problèmes à une opération par une procédure numérique, même si, s'agissant de la division, la maîtrise de la technique n'est pas encore attendue.

C'est donc une démarche d'enseignement qui peut ainsi être déterminée : on fait résoudre des problèmes par la simulation du réel pour construire le sens des différentes situations, puis on apprend à utiliser les nombres et le calcul pour résoudre ces mêmes problèmes. On part du réel pour aller vers l'abstrait.

Le CE1, niveau charnière

Au CE1, **le champ d'action est clairement limité aux problèmes numériques**, en particulier à ceux relevant des quatre opérations, les problèmes liés aux grandeurs et mesures en faisant partie. Le CE1 est aussi l'année où sont enseignées les techniques opératoires de l'addition, de la soustraction et de la multiplication par un nombre à un chiffre. Les apprentissages des objets mathématiques (**exemple** : les opérations) sont donc liés dans le temps à leur utilisation comme outils pour résoudre des problèmes.

Les problèmes engageant une démarche à plusieurs étapes étant un élément de progression du CM1, on peut considérer que **les programmes du CE1 se concentrent sur les problèmes à une étape**. C'est d'ailleurs seulement au CE2 que tous les problèmes à une opération sont résolus par procédure experte, grâce à l'acquisition de la technique opératoire de la division. Les problèmes à plusieurs étapes ne peuvent donc être utilisés qu'exceptionnellement, et en tout état de cause il ne peut pas être demandé aux élèves de savoir les résoudre... puisqu'ils n'ont pas appris à le faire !

Les programmes catégorisent les problèmes suivant le critère « opération » (**exemple** : problèmes d'addition), à l'exception de la division pour laquelle il est fait mention (au CE1) de groupements ou de partage, soit deux familles de problèmes pour une seule opération. Ce sont donc bien quatre catégories correspondant aux quatre opérations qui au bout du compte sont déterminées, la formulation adoptée pour le CE2 (« Résoudre des problèmes relevant des quatre opérations ») en témoignant. C'est vers cet objectif de **catégorisation** qu'il faut tendre **dès le CE1**, même si le nombre réel des catégories de problèmes est bien plus élevé et si, répétons-le, c'est au cours de l'année du CE2 qu'il devra être atteint.

Ces programmes sont également marqués par la disparition **des problèmes de recherche** auxquels il n'est plus explicitement fait référence. Cela en interdit-il la pratique pour autant ? Non, et nous pensons même qu'un module annuel construit avec des objectifs précis et s'appuyant sur des problèmes bien choisis permet de développer « le goût du raisonnement » (*BO* n°3, 19 juin 2008, page 18).

Un parcours d'apprentissages pour les problèmes relevant des 4 opérations

Commençons par identifier ce que nous faisons lorsque nous, « adultes experts », résolvons un problème simple à une opération.

Exemple : Le tir à l'arc – Lors de la compétition de tir à l'arc qui s'est déroulée le 18 août dernier à Pékin, Enzo a marqué 871 points, soit 146 points de plus que Louis, son partenaire d'entraînement, et 75 points de moins que Ming, le vainqueur de la compétition. *Combien Louis a-t-il marqué de points ?*

La première tâche est celle de **lecture de l'énoncé**, une lecture qui ne se limite pas à l'identification des mots et qui anticipe. Un bon lecteur, familier des énoncés de problèmes, sait avant de la lire quelle question va lui être posée.

La deuxième réside dans l'**identification de l'opération** qui permet de répondre à la question. Ici, le choix de la soustraction dépend de la compréhension de la situation (Louis a marqué moins de points que Enzo) et de sa mise en relation avec les effets de l'opération (la soustraction « fait diminuer » les nombres).

La troisième consiste en un **calcul du résultat**, calcul qui nécessite la maîtrise de techniques réfléchies ou posées.

La **rédaction de la réponse** est la dernière tâche et elle répond aux exigences de présentation fixées par l'enseignant.

Mener à bien ces quatre tâches requiert des apprentissages spécifiques. Dans un premier temps, intéressons-nous à l'identification de l'opération.

1. L'identification de l'opération

Choisir la bonne opération, c'est, à partir d'une situation et de la question associée (*ce qu'on cherche*), identifier l'outil mathématique approprié. Il s'agit donc de reconnaître la famille à laquelle appartient la situation, d'où le nécessaire travail de catégorisation des problèmes auquel il faut conduire les élèves.

Quatre catégories pour quatre opérations, une catégorisation inappropriée !

Le classement des problèmes en 4 catégories correspondant aux 4 opérations semble le plus naturel, mais il ne permet pas aux élèves de s'appuyer sur les invariants des situations. Prenons deux exemples de problèmes de soustraction :
Exemple 1 : Lucas a 123 billes. Il perd 65 billes. *Combien lui reste-t-il de billes ?*
Exemple 2 : Lucas a 123 billes. Il a 65 billes rouges et des billes bleues. *Combien a-t-il de billes bleues ?*
L'élève ne peut pas reconnaître dans l'exemple 2 (recherche d'une partie d'un tout) les caractéristiques de la recherche de reste de l'exemple 1. Et pourtant, c'est bien la même soustraction qui est attendue pour répondre aux deux questions, à savoir 123 − 65.

Une même opération peut donc être utilisée pour résoudre des problèmes issus de plusieurs catégories. Nous allons voir lesquelles. Pour cela, nous conserverons l'entrée « opération ».

Notre catégorisation prendra la forme suivante :

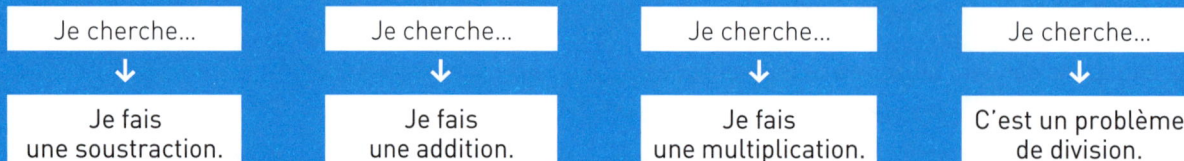

Je cherche…	Je cherche…	Je cherche…	Je cherche…
↓	↓	↓	↓
Je fais une soustraction.	Je fais une addition.	Je fais une multiplication.	C'est un problème de division.

La connaissance de la division n'étant pas acquise à la fin du CE1, nous en resterons à la formulation « c'est un problème de division », les problèmes correspondants étant résolus par des procédures numériques non expertes.

Les problèmes d'addition et de soustraction

Nous proposerons une catégorisation des problèmes d'addition et de soustraction à une étape, en nous appuyant sur les travaux de Gérard Vergnaud qui a élaboré une typologie des structures additives (*cf.* « La typologie des structures additives », *Le Nombre au cycle 2*, SCEREN).

En déclinant les questionnements possibles, on formule ainsi 15 problèmes d'addition et de soustraction, qui correspondent à 14 catégories. L'étude de toutes ces catégories (*cf.* annexe 4 - La catégorisation des problèmes d'addition et de soustraction) nous conduit à penser qu'il faut prolonger au CE2 les apprentissages relatifs au choix de l'addition et de la soustraction, et ce en raison, d'une part, du nombre élevé de catégories (il n'est pas envisageable de demander aux élèves de CE1 de toutes les connaître) et, d'autre part, du niveau de difficulté de certaines catégories.

Nous retiendrons deux catégories de problèmes de soustraction et deux catégories de problèmes d'addition à étudier prioritairement.

Les catégories de problèmes d'addition à étudier au CE1

– Dans une situation de transformation positive (augmentation), **la recherche de l'état final** :

Exemple : Valérie avait 25 billes. Pendant la récréation, elle en a gagné 12. *Combien a-t-elle de billes maintenant ?*	25 + 12	On cherche **combien cela fait en tout**. Il y a correspondance entre situation (gain) et opération (+).

– Dans une situation de composition de 2 mesures, **la recherche du tout** :

Exemple : Lucas a un sac de billes. Dans le sac, il y a 17 billes rouges et 11 billes bleues. *Combien y a-t-il de billes ?*	17 + 11	On recherche « **combien ça fait en tout** » L'utilisation de l'addition est en correspondance avec la situation de réunion.

Les catégories de problèmes de soustraction à étudier au CE1

– Dans une situation de transformation négative (diminution), **la recherche de l'état final** :

Exemple : Alexandre avait 25 billes. Pendant la récréation, il en a perdu 12. *Combien lui reste-t-il de billes ?*	25 – 12	On cherche **combien il reste**. Il y a correspondance entre situation (perte) et opération (–).

– Dans une situation de composition de 2 mesures, **la recherche d'une mesure (ou partie)** :

Exemple : Lucas a un sac de 28 billes. Dans le sac, il y a 17 billes rouges et des billes bleues. *Combien y a-t-il de billes bleues ?*	28 – 17 (17 + ... = 28)	On recherche **une partie d'un tout**. *L'addition à trou* (17 + ... = 28) peut aussi être utilisée en lieu et place de la *soustraction*. Il faudra apprendre aux élèves à passer de la première à la seconde, l'utilisation de l'addition à trou étant limitée à un domaine numérique restreint. Obstacle : la composition de 2 mesures incite certains élèves à utiliser systématiquement l'addition.

Les problèmes de multiplication

Trois situations donnent du sens à la multiplication :

- *La réunion de collections équipotentes*

Exemple : Julie a 3 paquets de 5 images. *Combien a-t-elle d'images ?*	5 + 5 + 5 = 5 x 3	*Ce sont les situations de réunion où toutes les collections ont le même cardinal.* Dans les problèmes, on cherche **combien ça fait en tout**. Ces problèmes se résolvent à deux niveaux successifs : 1. par l'*utilisation de l'addition réitérée* ; 2. puis par l'*utilisation de la multiplication*, dès lors que les répertoires sont construits.

Les deux nombres présents dans l'énoncé ont un statut différent : l'un est le cardinal des collections, l'autre est le facteur de répétition.
Ces situations sont de loin les plus fréquentes.

- *Les situations rectangulaires*

Exemple : Julie trace un quadrillage sur son cahier. Il est constitué de 6 lignes et 8 colonnes. *Combien ce quadrillage compte-t-il de cases ?*
On répond à cette question indifféremment par l'un ou l'autre des deux calculs suivants : 6 + 6 + 6 + 6 + 6 + 6 + 6 + 6 = 6 x 8 ou 8 + 8 + 8 + 8 + 8 + 8 = 8 x 6.
Ces situations sont intéressantes pour mettre en évidence la commutativité de la multiplication, lors de séances consacrées à « la multiplication – objet d'étude ». Elles sont peu nombreuses.

- *Les produits cartésiens*

Exemple : Momo le clown possède 2 chapeaux, 2 vestes et 3 pantalons. *Combien de costumes différents peut-il se constituer ?* (Un costume, c'est un chapeau, plus une veste, plus un pantalon.)
La question est en fait : « Combien existe-t-il de combinaisons possibles ? ».
On répond à cette question par 2 x 2 x 3 = 12.
À l'école élémentaire, les problèmes de ce type sont traités par la recherche de tous les possibles par une procédure personnelle. La multiplication n'est alors pas un outil disponible pour trouver le nombre de combinaisons.

La catégorie de problèmes de multiplication à étudier au CE1

– La réunion de collections équipotentes

Les problèmes de division

Deux situations donnent du sens à la division : **les partages (équitables) et les groupements**.

Pour comprendre la nécessité de les distinguer, prenons l'exemple d'un problème de partage et d'un problème de groupement qui tous les deux se résolvent par le calcul *35 divisé par 3*.

Exemple de partage : Marilou a 35 images. Elle les partage avec 2 copines de sa classe. *Combien chacune aura-t-elle d'images ?*	35 reste 10 10 10 5̶ 1 1 1 2 (11 x 3) + 2 = 35	On recherche **combien chacun aura**. La réponse est composée de 2 nombres, *le quotient et le reste*. La procédure personnelle est un arbre de calcul faisant appel aux 3 autres opérations..

Exemple de groupement : Marilou a 35 images. Elle fait des paquets de 3. *Combien fait-elle de paquets ?*	3 + 3 + 3 + 3 + 3 + 3 + 3 + 3 + 3 + 3 + 3 + 2 = (11 x 3) + 2 = 35	On cherche **combien ça fait de groupes**. La réponse est composée de 2 nombres, *le quotient et le reste*. L'addition réitérée est utilisée comme procédure personnelle.

Dans **le partage (équitable)**, il s'agit de distribuer (terme à terme) pour **trouver la valeur d'une part**.
Dans **le problème de groupement**, il faut faire des groupes de 4 pour **trouver le nombre de parts (groupes)**.

La distinction entre les deux situations n'est pas nécessaire à partir du moment où elles ont bien été rattachées à l'utilisation d'une seule et même opération : la division. Mais pendant la phase d'apprentissage ou d'exploration des situations, il est difficile pour les élèves de retrouver les caractéristiques des situations de partage lorsqu'ils sont face à une situation de groupement, et réciproquement.

Les catégories de problèmes de division à étudier au CE1

– La recherche du nombre de groupes dans un problème de groupement

– La recherche de la valeur d'une part dans un problème de partage

Remarque : l'étude des problèmes de division au CE1 s'arrêtera à l'utilisation des procédures personnelles numériques.

La catégorisation des problèmes à la fin du CE1

Nous arrivons ainsi à la catégorisation suivante pour l'année de CE1 :

Catégorie n°1 J'enlève… je cherche *combien il reste*. Catégorie n°2 Je cherche combien fait *une partie d'une collection*.	Catégorie n°3 Ce sont plusieurs **collections différentes** ou c'est **une collection qui augmente** et je cherche *combien ça fait en tout*.	Catégorie n°4 Ce sont plusieurs **collections identiques** et je cherche *combien ça fait en tout*.	Catégorie n°5 Je fais un partage et je cherche combien ça fait *pour chacun*. Catégorie n°6 Je fais des groupes et je cherche *combien ça fait de groupes*.
↓	↓	↓	↓
Je fais une soustraction.	**Je fais une addition.**	**Je fais une multiplication.**	**C'est un problème de division.**

Fixer l'objectif de maîtrise en fin de CE1 des **6 catégories** sélectionnées (les quatre opérations ont alors été étudiées) est à la fois raisonnable et suffisant. Certes, cette catégorisation est imparfaite, puisque incomplète, et les choix opérés peuvent être discutés, mais elle nous semble répondre à l'objectif fixé pour le CE1 d'enseigner l'utilisation des quatre opérations pour résoudre des problèmes.

Remarque :
L'étude des problèmes d'addition est amorcée au CP… Elle se poursuit au CE1, puis au CE2. C'est vrai aussi pour la soustraction (*cf.* « Catégorisation des problèmes d'addition et de soustraction », en annexe 2, page 30).

De fait, les problèmes d'addition et les problèmes de soustraction sont étudiés dans le même temps, afin de toujours mettre les élèves en situation de choisir entre deux opérations. (Ce qui ne signifie pas que les propriétés des opérations et les techniques de calcul sont étudiées en même temps.)

La démarche d'enseignement

Plusieurs paramètres doivent guider l'enseignant :
– Les élèves ont résolu des problèmes relevant des 4 opérations à l'école maternelle et en CP. Ils possèdent donc une expérience qu'il faut consolider.
– Ils doivent apprendre à résoudre par le calcul les problèmes relevant des 4 opérations, c'est-à-dire passer d'une procédure de « simulation » à une procédure « abstraite ».
– Ils doivent apprendre, pour résoudre chaque problème, à identifier parmi les 4 opérations celle qui est la plus appropriée.
– Ils doivent acquérir une aisance suffisante dans l'identification de l'opération pour résoudre un problème en moins de 5 minutes.

Une démarche d'apprentissages en 3 temps

1 La résolution des problèmes par manipulation : les élèves résolvent des problèmes de toutes les catégories pour apprendre qu'ils en sont capables et pour comprendre les situations. Ce 1er temps donne lieu à plusieurs séances (*cf.* « La manipulation pour résoudre des problèmes, une phase de l'apprentissage », pp. 13 à 16).

2 La catégorisation des problèmes : les élèves identifient les caractéristiques des problèmes résolus et déterminent ainsi des catégories. Ensuite, des rappels réguliers permettent de consolider les repères installés et de les enrichir de nouvelles catégories.

3 L'apprentissage du choix de l'opération : les élèves identifient le lien entre une catégorie de problèmes et l'opération qui lui est associée. Ils apprennent donc à résoudre dans l'abstraction (par l'utilisation de l'opération).

Dans ce 3e temps, on distingue :
– *le temps pour apprendre*, c'est-à-dire les temps collectif et individuel au cours desquels l'opération apprise lors de séances spécifiques fait son entrée dans le domaine de la résolution de problèmes ;
– *le temps pour s'entraîner et automatiser*, c'est-à-dire l'ensemble des séances pendant lesquelles les élèves résolvent des problèmes, en bénéficiant de l'étayage de l'enseignant mais aussi d'outils synthétisant les acquis (cf. « Les fiches outils », pp. 16 et 17), avec pour objectifs de gagner en efficacité et en rapidité.

1. La manipulation pour résoudre des problèmes, une phase de l'apprentissage

Manipuler permet de simuler le réel
Exemple : Enzo avait un paquet de 24 gâteaux, mais il en a mangé 8. *Combien lui reste-t-il de gâteaux ?*
La manipulation permet aux élèves de **résoudre « en faisant comme si... »**. Avec des cubes ou des jetons, l'élève prend la place d'Enzo.
On peut noter que cette phase permet à l'élève d'acquérir confiance en lui. (« Je suis capable de résoudre un problème. »)

Remarque : **les problèmes relatifs aux grandeurs et mesures ne sont pas « manipulables »**. Il est difficile, par exemple, de représenter un kilomètre par un jeton et donc de simuler une mesure de distance.

Manipuler permet de résoudre des problèmes avant que les opérations soient étudiées
Comprendre l'enjeu de l'activité et accepter la difficulté de la tâche est parfois difficile pour de jeunes élèves. La manipulation permet de démarrer la résolution de problèmes sans affronter la difficulté supplémentaire que constitue l'utilisation des outils mathématiques.

Manipuler favorise la construction du sens de toutes les situations
Chaque catégorie de situation doit être rencontrée à plusieurs reprises afin que les élèves en repèrent les invariants et construisent ainsi un « bagage culturel » qui trouvera tout son sens lorsque les opérations seront enseignées. **C'est un objectif intermédiaire qui est fixé ici** et non le but à atteindre. Il s'agit de rendre familière chaque catégorie de situation avant que soit enseigné l'outil mathématique correspondant.

Faire manipuler tous les élèves... Oui, mais pourquoi ?

Le choix de faire manipuler tous les élèves en début d'année implique d'en freiner temporairement certains, déjà capables d'utiliser des calculs pour résoudre des problèmes. Il peut donc être discuté et nécessite d'être argumenté.

Les séances de manipulation :
–   permettront aux élèves les plus fragiles de résoudre quelques problèmes de chaque catégorie et donc de construire des savoir-faire qui leur seront indispensables ultérieurement pour apprendre le choix de l'opération ;
–   amèneront les élèves les plus performants à résoudre de nombreux problèmes et donc à consolider leur compréhension des situations et notamment celles avec lesquelles ils n'ont pas été familiarisés au CP ;
–   poursuivront **un autre objectif très important** : installer une méthodologie pour résoudre des problèmes dont tous les élèves tireront profit.

Les élèves les plus performants seront rapidement autonomes lors de ces séances.
L'enseignant pourra alors apporter aux élèves les plus fragiles toute l'attention nécessaire, alors que solliciter ou autoriser l'utilisation des calculs par certains élèves ne manquerait pas de mobiliser son attention, notamment pour aider à la mise en œuvre de procédures peu familières (**exemple** : problèmes de partage).

Il paraît tout aussi nécessaire d'expliquer la démarche aux élèves et de les informer à l'avance de la durée de la contrainte. Considérons qu'il est possible, dès la troisième séance, d'inciter les élèves les plus performants à se servir des calculs... Mais en prenant garde à ce qu'ils les utilisent à bon escient, et pas uniquement pour faire l'économie d'une manipulation.

Repères pour la mise en œuvre des séances

Le matériel utilisé peut être constitué de cubes, de jetons ou bien encore de bûchettes. On veillera à ce qu'il soit de petite taille afin que la table ne soit jamais « envahie » et que les collections soient toujours dénombrables.

La manipulation individuelle doit être la règle. C'est à cette condition que chaque élève est véritablement confronté aux obstacles posés par les problèmes. Elle facilite le dialogue pédagogique entre l'enseignant et l'élève, car avec du matériel les erreurs de compréhension sont exploitables.

Il est judicieux d'apprendre aux élèves à *placer les jetons « appartenant au problème » sur la fiche de travail*, et de les y laisser jusqu'à la fin de la résolution du problème. Ainsi, ils ne sont pas mélangés avec les jetons non utilisés pour le problème.

La manipulation collective a aussi son intérêt, en particulier pour modéliser une procédure. Dans ce cas, la projection d'un PowerPoint permet à tous les élèves de bien visualiser la chronologie des actions.

La taille des collections

Plus les quantités à manipuler sont grandes, plus les risques d'erreurs sont importants. Par conséquent, dans les cas où la taille des nombres n'influe pas sur la procédure, il est inutile de créer, *en utilisant de grands nombres*, un obstacle supplémentaire qui détournerait de l'objectif de résolution de problème. Nous pouvons considérer que *manipuler plus de 30 éléments est peu pertinent, sauf cas spécifiques* (dans le cas du partage de 52 sucettes en 4, la quantité 52 est choisie dans le but de mettre en évidence une spécificité du calcul de la division : on commence le partage par les grandes unités).

L'organisation des collections

La gestion d'une classe impose à l'enseignant d'aller voir chacun de ses élèves et de déterminer presque instan- tanément un besoin d'intervention. Les collections doivent être lisibles et un regard doit suffire à les dénombrer.

Ce sont *les groupements par 10* qui permettent cette lisibilité. Les deux configurations ci-contre ont leurs avantages. La configuration A prend moins de place et les dizaines mises côte à côte sont mieux identifiables ; c'est celle que nous choisissons. La configuration B met en évidence le 5 et par conséquent 5 +5.

Configuration A   Configuration B

Si ces groupements sont systématisés lors des activités de numération, les élèves ne les mettent pas sponta- nément en œuvre dans leurs procédures en résolution de problèmes. Imposer, dès la première séance au CE1, l'organisation par groupes de 10 des collections manipulées permet à l'enseignant de comprendre rapidement la manipulation de chaque élève... et à chaque élève de réduire de manière significative le nombre de ses erreurs.

Le schéma peut-il remplacer la manipulation ?

S'interroger quant à la possibilité de substituer le schéma à la manipulation pendant cette première phase est parfaitement légitime. Mais dessiner ou schématiser, est-ce vraiment la même chose que manipuler ? Le schéma permet de **reformuler** la situation pour en conforter la compréhension.

Exemple :
Louis avait 50 billes dans sa poche. Mais pendant la récréation, il en a perdu 32.
Combien lui reste-t-il de billes maintenant ?

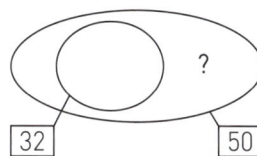

Cette représentation peut être utilisée par l'enseignant, mais elle est trop abstraite pour être utilisée par les élèves qui en auraient besoin. Abandonnons-la pour le CE1.

La véritable fonction du schéma est de simuler la situation et « de faire apparaître » la réponse à la question posée... comme la manipulation. En témoigne l'exemple ci-dessous.

Exemple : Marc avait 8 billes, il en perd 5 pendant la récréation.
Combien a-t-il de billes maintenant ?

L'utilisation du schéma par les élèves présente pour l'enseignant le double avantage de lui **faciliter la gestion des séances** et de lui permettre de disposer de traces écrites qu'il pourra analyser en différé.

Mais... parfois, certains élèves rompent le fil qui relie la situation et leur schéma. La représentation n'est alors plus celle de la situation. Par exemple, dans le cas d'un groupement (exemple : *faire des paquets de 4 avec 21, donc faire 5 paquets avec un reste 1*), le crayon peut « inventer » les éléments dont on aurait besoin (*représenter les 3 éléments qui permettraient de constituer un paquet supplémentaire et éviteraient ainsi le reste qui gêne*). Le schéma est une production écrite, une transcription du réel ; il **est donc plus éloigné du réel** et constitue pour certains élèves un obstacle supplémentaire.

Notons aussi que **pour certaines catégories de situations, la résolution par le schéma est un vrai casse-tête**. C'est le cas des partages, pour lesquels il faut d'abord représenter la collection à partager, puis effectuer une distribution en alternant « barrer-dessiner ».

Cela nous conduit à un autre inconvénient : **la réalisation du schéma nécessite un apprentissage**. En effet, pour être efficace, un schéma doit être soigné (pour que tous les éléments soient bien visibles) et organisé (les groupements par 10 doivent être systématisés), sinon les erreurs y sont fréquentes et finissent par décourager les élèves.

Enfin, dernier inconvénient et pas le moindre : **certains élèves éprouvent des difficultés à substituer les procédures numériques à leurs schémas**. C'est ainsi que des élèves de cycle 3 dessinent les images pour trouver « combien d'images font 6 paquets de 5 ». Pourquoi alors se contraindre à apprendre des répertoires ? Pourquoi mettre en œuvre des procédures de calcul si le schéma permet de dénombrer ?

À l'inverse, les élèves habitués à manipuler sont bien obligés, lorsqu'on ne leur donne plus de matériel, de basculer vers les procédures numériques qui leur sont enseignées.

> En faisant la synthèse des arguments pour et contre, nous en arrivons à la conclusion suivante. Faire résoudre les problèmes par le schéma n'est pas une stratégie pertinente pour tous les élèves ; elle est même risquée pour les plus fragiles. Il est conseillé de ne l'utiliser que pour les élèves les plus performants et pour faciliter la mise en œuvre des premières séances... Et en considérant alors que comme la manipulation, la résolution par le schéma ne doit être qu'une phase de l'apprentissage.

2. Le travail de catégorisation des problèmes

La catégorisation est progressive et se met en place au fil des apprentissages.

Elle commence en appui sur les procédures de manipulation, pour peu à peu donner leur place aux opérations.

Elle s'opère sur le critère « ce que je cherche », pour peu à peu automatiser la correspondance avec une opération. (**Exemple** : «Je cherche une partie d'une collection. C'est un problème de soustraction. »)

Elle donne lieu à des séances spécifiques :
- **1re séance** : à l'issue de la phase de manipulation, 6 problèmes sont donnés à résoudre, chacun représentant une des catégories. Une fois les problèmes résolus, au cours d'un temps collectif, on fait associer chaque problème à une phrase « qui dit ce qu'on cherche ».
- **2e séance** : après un rappel collectif, les élèves mettent en œuvre cette catégorisation. Pour cela, ils résolvent une nouvelle série de 6 problèmes par manipulation.
- Ensuite, régulièrement, on fait le point au cours de temps collectifs sur l'évolution des savoir-faire. Au cours de ces temps de synthèse, chaque catégorie est étudiée, ce qui permet de verbaliser les attentes spécifiques pour chacune d'elles (**exemple** : en fin de période 2, résoudre un problème de recherche de ce qui reste avec la soustraction, alors que dans le même temps les problèmes de partage sont résolus par manipulation).

La catégorisation est consolidée lors des séances d'apprentissage et d'entraînement à l'utilisation des opérations.

Une fiche outil organise la catégorisation, sous une forme respectant les contraintes énoncées ci-dessus. Elle évolue en même temps que les compétences des élèves, ce qui se traduit par 4 versions présentées lors des temps de synthèse.

Fiche outil n°1, issue de la première catégorisation opérée en fin de période 1

Fiche outil n°2, en fin de période 2, après étude des procédures expertes pour les problèmes d'addition et de soustraction, puis étude de l'addition réitérée pour les problèmes de multiplication

Outil pour apprendre à choisir la bonne opération - CE1/n°2

Je cherche **combien il reste.**	Je cherche **combien ça fait en tout.** **Les collections sont différentes.**	Je cherche **combien ça fait en tout.** **Un nombre est répété plusieurs fois.**	Je cherche **combien ça fait pour chacun.** **C'est un partage.**
Alexandre avait 25 billes. À la récréation, il en a perdu 12. *Combien lui reste-t-il de billes après la récréation ?*	Hier, Emma a gagné 13 billes à la récréation du matin et 12 à celle de l'après-midi. *Combien a-t-elle gagné de billes dans la journée ?*	Aline a gagné 4 sacs de 6 billes. *Combien a-t-elle gagné de billes en tout ?*	Arthur a 21 billes. Il les partage avec Paul et Léa. *Combien chacun aura-t-il de billes ?*
J'écris et je calcule 25 – 12	**J'écris et je calcule** 13 + 12	**J'écris et je calcule** 6 + 6 + 6 + 6	 7 7 7
réponse : Il lui reste *13 billes.*	réponse : Elle a gagné *25 billes.*	réponse : Elle a gagné *24 billes.*	réponse : Chacun aura *7 billes.*
Je cherche **une partie d'une collection.**			Je cherche **combien ça fait de groupes.** **C'est un groupement.**
Lucas a un sac de 28 billes. Dans le sac, il y a 17 billes rouges et les autres sont bleues. *Combien y a-t-il de billes bleues dans le sac ?*			Paul a 20 billes. Pour les offrir à ses amis, il a rempli plusieurs sacs de 5 billes. *Combien fait-il de sacs ?*
J'écris et je calcule 28 – 17			 5 5 5 5
réponse : Il y a *11 billes bleues.*			réponse : Il a fait *4 sacs.*
Ce sont des problèmes de **SOUSTRACTION**	C'est un problème d'**ADDITION**	C'est un problème de **MULTIPLICATION**	Ce sont des problèmes de **DIVISION**

Fiche outil n°3, en fin de période 4, après étude de la procédure experte pour les problèmes de multiplication et de procédures numériques pour les problèmes de division

Outil pour apprendre à choisir la bonne opération - CE1/n°3

Je cherche **combien il reste.**	Je cherche **combien ça fait en tout.** **Les collections sont différentes.**	Je cherche **combien ça fait en tout.** **Un nombre est répété plusieurs fois.**	Je cherche **combien ça fait pour chacun.** **C'est un partage.**
Alexandre avait 25 billes. À la récréation, il en a perdu 12. *Combien lui reste-t-il de billes après la récréation ?*	Hier, Emma a gagné 13 billes à la récréation du matin et 12 à celle de l'après-midi. *Combien a-t-elle gagné de billes dans la journée ?*	Aline a gagné 4 sacs de 6 billes. *Combien a-t-elle gagné de billes en tout ?*	Arthur a 21 billes. Il les partage avec Paul et Léa. *Combien chacun aura-t-il de billes ?*
J'écris et je calcule 25 – 12	**J'écris et je calcule** 13 + 12	**J'écris et je calcule** 6 × 4	**J'écris** reste 0 7 7 7
réponse : Il lui reste *13 billes.*	réponse : Elle a gagné *25 billes.*	réponse : Elle a gagné *24 billes.*	réponse : Chacun aura *7 billes.*
Je cherche **une partie d'une collection.**			Je cherche **combien ça fait de groupes.** **C'est un groupement.**
Lucas a un sac de 28 billes. Dans le sac, il y a 17 billes rouges et les autres sont bleues. *Combien y a-t-il de billes bleues dans le sac ?*			Paul a 20 billes. Pour les offrir à ses amis, il a rempli plusieurs sacs de 5 billes. *Combien fait-il de sacs ?*
J'écris et je calcule 28 – 17			**J'écris et je calcule** 5 + 5 + 5 + 5
réponse : Il y a *11 billes bleues.*			réponse : Il a rempli *4 sacs.*
Ce sont des problèmes de **SOUSTRACTION**	C'est un problème d'**ADDITION**	C'est un problème de **MULTIPLICATION**	Ce sont des problèmes de **DIVISION**

Fiche outil n°4, en période 5, pour synthèse des apprentissages menés au CE1

Outil pour apprendre à choisir la bonne opération - CE1/n°4

Je cherche **combien il reste.**	Je cherche **combien ça fait en tout.** **Les collections sont différentes.**	Je cherche **combien ça fait en tout.** **Un nombre est répété plusieurs fois.**	Je cherche **combien ça fait pour chacun.** **C'est un partage.**
Alexandre avait 85 billes. À la récréation, il en a perdu 47. *Combien lui reste-t-il de billes après la récréation ?*	Hier, Emma a gagné 43 billes à la récréation du matin et 47 à celle de l'après-midi. *Combien a-t-elle gagné de billes dans la journée ?*	Aline a gagné 5 sacs de 24 billes. *Combien a-t-elle gagné de billes en tout ?*	Arthur a 37 billes. Il les partage avec Paul et Léa. *Combien chacun aura-t-il de billes ?*
J'écris et je calcule 85 – 47 = 38 8 15 – 4 7 3 8	**J'écris et je calcule** 43 + 47 = 90 4 3 + 4 7 9 0	**J'écris et je calcule** 24 × 5 = 120 2 4 × 5 1 2 0	**J'écris** reste 37 10 10 10 1 2 2 2
réponse : Il lui reste *38 billes.*	réponse : Elle a gagné *90 billes.*	réponse : Elle a gagné *120 billes.*	réponse : Chacun aura *12 billes.* Il restera 1 bille.
Je cherche **une partie d'une collection.**			Je cherche **combien ça fait de groupes.** **C'est un groupement.**
Lucas a un sac de 45 billes. Dans le sac, il y a 27 billes rouges et les autres sont bleues. *Combien y a-t-il de billes bleues dans le sac ?*			Paul a 36 billes. Pour les offrir à ses amis, il a rempli plusieurs sacs de 5 billes. *Combien fait-il de sacs ?*
J'écris et je calcule 45 – 27 = 18 4 15 – 2 7 1 8			**J'écris et je calcule** 5 + 5 + 5 + 5 + 5 + 5 + 5 + 1 = 36
réponse : Il y a *18 billes bleues.*			réponse : Il a rempli *7 sacs.* Il reste *1 bille.*
Ce sont des problèmes de **SOUSTRACTION**	C'est un problème d'**ADDITION**	C'est un problème de **MULTIPLICATION**	Ce sont des problèmes de **DIVISION**

3. L'utilisation des opérations pour résoudre les problèmes

Les opérations - objets mathématiques sont étudiées lors de séances spécifiques. En résolution de problèmes, il s'agit d'enseigner aux élèves les conditions d'utilisation de chaque opération.

L'enseignement du choix de l'opération impose de confronter les catégories

Des confusions entre catégories de problèmes sont explicables. Nous les avons évoquées lors de l'étude des catégories de problèmes. Elles conduisent à **des erreurs dans le choix de l'opération**, comme dans les exemples suivants :

– **Les problèmes de recherche d'une partie d'un tout** (problèmes de soustraction) sont traités comme des problèmes de recherche d'un tout (problèmes d'addition).
Exemple : Dans son jardin, Cécile a cueilli 9 tulipes rouges et d'autres qui sont jaunes. En tout, elle a cueilli 17 tulipes. *Combien a-t-elle cueilli de tulipes jaunes ?*
Réponse erronée : 9 + 17

– **Les problèmes de recherche d'un tout dans le cas de réunion de collections équipotentes** (problèmes de multiplication) sont traités par l'addition des deux nombres écrits dans l'énoncé.
Exemple : Dans la classe de Pablo, il y a 3 rangées de 6 élèves. *Combien y a-t-il d'élèves dans cette classe ?*
Réponse erronée : 3 + 6

– **Les problèmes de groupements** sont traités comme des problèmes de multiplication.
Exemple : Le pâtissier a préparé 32 tartelettes. Il les dispose sur des petites assiettes et il en met 4 sur chaque assiette. *Combien peut-il préparer d'assiettes ?*
Réponse erronée : 4 x 32

Pour prévenir ces risques de confusion, il est important de programmer des séances au cours desquelles on « s'expose au risque ». Les deux catégories concernées font alors l'objet d'une comparaison en début de séance, pour identifier leurs points communs et leurs différences. Les séances focalisent sur ces différences et concernent donc seulement deux catégories de problèmes.

Travailler une seule catégorie, c'est-à-dire donner à résoudre une série de problèmes relevant tous de la même opération, c'est fuir l'obstacle de la confusion possible (et cet obstacle se présentera tôt ou tard !).
Nous excluons donc la possibilité de donner à résoudre une série de problèmes relevant tous de la même opération.

L'enseignement du choix de l'opération doit être programmé

L'apprentissage de l'utilisation des opérations dans les problèmes se fait lors de moments collectifs et en début de séances. Nous parlons ici des outils que sont les opérations, pas des objets mathématiques qui eux sont étudiés lors de séances spécifiques au cours desquelles ce sont les propriétés (**exemple** : la commutativité de l'addition), le calcul réfléchi ou automatisé et les techniques posées qui sont au menu.

Cet apprentissage est programmé :

Les problèmes d'**addition**	Résoudre par *procédure experte*. ➜ période 2
Les problèmes de **soustraction** (recherche de reste et recherche d'une partie d'un tout)	Résoudre par *procédure experte*. ➜ période 2
Les problèmes de **multiplication**	Résoudre par *addition réitérée*. ➜ période 2 Résoudre par *procédure experte*. ➜ période 4
Les problèmes de **division** (groupements et partages)	Résoudre par *procédure numérique*. ➜ période 4

L'entraînement fait partie du parcours d'apprentissages

La programmation ci-dessus prévoit les séances au cours desquelles les opérations sont introduites « officiel-lement ». Or, ces séances ne suffisent pas à rendre automatique l'utilisation des opérations.
Des séances d'entraînement sont programmées dont l'objectif est d'éliminer les confusions et de rendre le choix de plus en plus rapide. Elles trouvent leur pleine efficacité si les élèves résolvent de nombreux problèmes.

Il faut éviter les situations d'inactivité des élèves car un élève qui reste bloqué sur un problème ne progresse pas. L'étayage de l'enseignant est alors indispensable, avec la fiche outil pour référence.

Un regroupement d'élèves en situation de besoin est efficace, à condition que l'enseignant soit présent. Il pratique alors une pédagogie d'accompagnement, en prenant garde de « ne pas faire à la place » mais en n'hésitant pas à modéliser à nouveau une procédure, si nécessaire.

La rédaction de problèmes, un complément à la résolution de problèmes

Rien de tel que de prendre la place du créateur de problèmes pour percer quelques-uns des mystères de l'activité de résolution. Mais bien entendu, il s'agit alors pour l'élève de créer « un produit maîtrisé », c'est-à-dire **un problème dont il fournit l'énoncé et la réponse**.

En rédigeant un problème à partir d'une contrainte (**exemple** : *Rédige un problème de recherche d'une partie d'un tout.*), un élève s'approprie les caractéristiques de la catégorie pour les reprendre dans une nouvelle situation. Par ailleurs, la recherche du résultat le contraint à identifier le lien entre la situation et l'opération. C'est donc une activité réflexive qui consolide les acquis.

Nous la programmons donc en période 4, en portant notre attention sur trois catégories qui doivent être maîtrisées à l'issue du CE1 :

– les problèmes de recherche de reste (soustraction) ;
– les problèmes de recherche d'une partie (soustraction) ;
– les problèmes de multiplication.

Elle peut alors permettre une remédiation à l'attention des élèves les plus fragiles.

Annexe 1 – Programmation des apprentissages

Périodes	période 1						période 2						période 3						période 4						période 5						
N° des séquences	S1				S2		S3			S4	S5	S6	S7				S8	S9	S10			S11	S12	S13	S14	S15			S16	S17	S18
N° des séances	1A	1B	1C	1D	2A	2B	3A	3B	3C	4A	5A	6A	7A	7B	7C	7D	8A	9A	10A	10B	10C	11A	12A	13A	14A	15A	15B	15C	16A	17A	18A
Méthodologie :																															
Mémorisation des différentes étapes de la résolution d'un problème : *Comment dois-je faire pour résoudre un problème ?*	▲	▲	▲	▲																										▲	
Lecture de l'énoncé : (lectures guidées) *Comment lire et comprendre l'énoncé ?*	▲	▲	▲	▲	▲	▲							▲	▲	▲	▲										▲	▲	▲	▲	▲	
Communication de la réponse : – nombre + unité (sur fiche) → ▲ – présentation sur cahier → ★ – rédaction d'une phrase réponse → ●	▲	▲					★	★	●	●																●	●	●		●	
Résolution de problèmes de recherche : (recours à une procédure personnelle)													▲	▲	▲	▲															
Choix de l'opération :																															
Séances de résolution par manipulation	■ C1àC6	■ C1àC6	■ C1àC6	■ C1àC6													■ C5àC6														
Séances de catégorisation						■ FO n°1						■ FO n°2										■ FO n°2				■ FO n°3			■ FO n°4		
Séances d'introduction d'une opération dans les procédures							■ C1/C6 +et–	■ C2/C3 +et–		■ C4 addit-réit–													■ C5/C6	■ C4: x							
Séances d'entraînement au choix entre 2 opérations (ou 2 procédures)									■ C1àC3				■ C3/C4	■ C3/C4	■ C1/C3	■ C2/C3										■ C5/C6					
Séances d'entraînement au choix de la procédure de calcul, sur les 6 catégories																						■	■	■		■	■	■	■	■	
Rédaction de problèmes																			■ C1	■ C2	■ C4										
Séances d'évaluation → résolution de problèmes des 6 catégories												■ C1àC6																			■ C1àC6

C = Codage des 6 catégories de problèmes	C1 : recherche de ce qui reste (problèmes de soustraction)	C3 : recherche d'un tout (problèmes d'addition)	C5 : recherche de la valeur d'une part (problèmes de division)
FO = fiche outil	C2 : recherche d'une partie d'un tout (problèmes de soustraction)	C4 : recherche d'un tout (problèmes de multiplication)	C6 : recherche du nombre de parts (problèmes de division)

2. La lecture de l'énoncé

La lecture experte d'un énoncé

Reprenons un problème déjà abordé et essayons d'identifier ce que le lecteur expert fait.

Exemple : Le tir à l'arc – Lors de la compétition de tir à l'arc qui s'est déroulée le 18 août dernier à Pékin, Enzo a marqué 871 points, soit 146 points de plus que Louis, son partenaire d'entraînement, et 75 points de moins que Ming, le vainqueur de la compétition. *Combien Louis a-t-il marqué de points ?*

Le lecteur expert **identifie les mots avec aisance et rapidité**, ce qui lui permet de se concentrer sur la tâche de compréhension.
Dès sa première lecture, il **repère et comprend le contexte** (date, lieu, activité), les personnages (Enzo, Louis, Ming), **organise les informations entre elles**.

19

Le lecteur expert sait avant de lire la question sur quoi elle peut porter, sa lecture ne faisant que confirmer une attente.

Étudions maintenant ce qui lui reste de sa première lecture. Si on cache le texte et interroge le bon lecteur à l'issue de cette première lecture, on constate qu'**il sait redire la question**. Par contre, pour répondre, il doit retourner au texte. Mais alors, il ne relit pas tout. **Il localise l'information et la replace dans son contexte** (*relecture de :* Enzo a marqué 871 points, soit 146 points de plus que Louis).

Remarque : dès sa première lecture, il laisse de côté l'information qui n'entre pas dans la problématique identifiée comme devant être la question.
De même, lorsqu'il cherche la réponse, il ne s'intéresse plus à l'information portant sur Ming.

On observe donc que chez le bon lecteur :
–   **La mémoire de travail opère sur la question et la structure du problème** et s'autorise des oublis ou des approximations concernant les données numériques.
–   **La localisation des informations à utiliser** est plus qu'une simple lecture de nombres ou de mots. C'est l'identification précise du segment de texte qui apporte exactement le contenu dont on va se servir.
–   **L'anticipation sur la question** est possible grâce à la culture acquise par la résolution de nombreux problèmes.
–   **Le tri des informations** est en réalité un repérage des informations en lien avec la question, les autres étant « sans intérêt » et hors du champ de lecture. Ce qui est inutile n'a pas à faire l'objet d'une attention qui laisserait penser le contraire.
Le bon lecteur ne se laisse pas prendre au piège des mots clés... qui n'en sont pas !
–   **Le retour au texte** est efficace grâce à une identification rapide des mots et à une lecture sélective qui s'affranchit de l'inutile et s'appuie sur la mémoire de ce qui a été lu.

La lecture d'un énoncé, des apprentissages à mener

Enseigner la lecture des énoncés, c'est conduire les élèves vers les stratégies et savoir-faire repérés ci-dessus. Nous pouvons alors déterminer les axes d'apprentissages à mener :
–   mémoriser ce qu'il faut chercher ;
–   localiser et retrouver le contexte d'une information ;
–   anticiper sur la question ;
–   repérer et utiliser les informations pertinentes permettant de répondre à la question ;
–   revenir au texte pour retrouver ou contrôler une information.

La mémorisation de la question, acte essentiel de la lecture d'un énoncé

« Maître, je ne comprends pas ! ». Comment mieux resituer la problématique d'enseignement de la lecture des énoncés qu'en citant cette phrase souvent entendue par chaque enseignant ? Mais que traduit-elle en vérité ? Si nous demandons alors à l'élève de dire ce qu'il cherche, dans la plupart des cas il en est incapable. Il a lu le texte ou plutôt en a identifié les mots, mais n'en a pas retenu la dernière phrase. Nous faisons alors l'hypothèse que, dans un premier temps, ce n'est pas la compréhension qui doit être traitée mais l'attention.
Il n'y a rien d'anormal au fait qu'un enfant de 7 ans ne soit pas toujours concentré quand il lit un énoncé de problème.
Les actes de mémorisation puis de restitution de la question mobilisent l'attention de l'élève. Ils favorisent donc l'entrée dans l'activité.

Nous ne disons pas que la mémorisation de la question fera comprendre l'énoncé, mais nous affirmons que sans elle il ne peut pas y avoir de recherche de la réponse. Elle constitue un élément de méthodologie auquel on doit habituer les élèves.

Faut-il enseigner une mémorisation mot pour mot ou une reformulation ? Cette dernière constitue sans nul doute la preuve que la question a été bien comprise... Encore faut-il qu'elle respecte le texte et ne soit pas erronée. L'exercice est trop difficile pour de nombreux élèves en début de CE1. Nous choisissons donc de faire restituer la question mot pour mot.

Des lectures collectives pour apprendre à lire les énoncés...

La localisation d'une information dans son contexte ne se limite pas au repérage de données numériques.
Exemple : Marilou a 52 images. Elle les partage avec 3 copines de sa classe. *Combien chacune aura-t-elle d'images ?*
Cet énoncé explicite la procédure à mettre en œuvre : C'est un partage. Le nombre des éléments à partager est explicite. Mais le nombre de parts à faire n'est pas un des nombres écrits ; il doit être inféré de la phrase *Elle les partage avec 3 copines de sa classe* qu'il faut reformuler en *Elle les partage en 4.*

Le repérage et l'utilisation des informations à utiliser nécessitent un traitement syntaxique et lexical.
Exemple : Lino a fait 24 tomates farcies. Pour les ranger dans son congélateur, il les a mises dans des barquettes de 4. *Combien a-t-il rempli de barquettes ?*
Pour résoudre ce problème, nous utilisons deux informations : *Lino a fait 24 tomates farcies*, d'une part, et *il les a mises dans des barquettes de 4*, d'autre part. Si la première information est explicite, la seconde nécessite le traitement de deux substituts pronominaux (*il ; les*) et d'une expression (*des barquettes de 4* pour *des barquettes de 4 tomates farcies*).
Ces deux exemples ne prétendent pas illustrer l'ensemble des difficultés de localisation et de traitement des informations, mais ils sont exemplaires de ce qui doit être enseigné, à savoir la compréhension de ce qui n'est pas explicitement écrit. Ils montrent que des temps collectifs doivent être régulièrement consacrés à l'apprentissage des procédures de compréhension.

La projection du texte au tableau permet de matérialiser la localisation et le traitement des informations, en entourant, en surlignant, en reformulant par écrit. C'est alors par une pratique régulière et réfléchie que les procédures de compréhension sont modélisées.

> **Le déroulement type d'un temps d'apprentissage de la lecture d'énoncé peut être :**
>
> 1. lecture individuelle et silencieuse de l'énoncé ;
> 2. mémorisation individuelle de la question ;
> 3. restitution orale de la question ;
> 4. recherche des informations « dont on a besoin pour répondre à la question » (localisation et traitement).

L'explication des énoncés par l'enseignant ou par quelque élève « bon lecteur » est à proscrire. Elle faciliterait certes la résolution du problème, mais n'apprendrait rien au lecteur en butte à des difficultés de compréhension. Or, celle-ci est une des tâches de la résolution d'un problème.
L'objectif des lectures collectives est l'acquisition par tous les élèves de l'autonomie dans les tâches de compréhension, pas une simplification de l'activité. C'est un bénéfice à long terme qui est visé.

Les énoncés de problèmes de recherche doivent être lus et expliqués collectivement.
La résolution des problèmes de recherche poursuit des objectifs spécifiques et différents de ceux de la résolution des problèmes dits classiques, la compréhension de l'énoncé étant une composante de cette dernière.
À l'inverse, la compréhension des énoncés de problèmes de recherche n'est pas un enjeu de l'apprentissage et elle ne doit pas faire obstacle à l'activité mathématique sollicitée. Par conséquent, elle peut être guidée par l'enseignant au moyen d'explications, de reformulations, voire d'exemples qui permettront à chaque élève de se lancer dans la recherche.

Des énoncés adaptés aux élèves et aux objectifs fixés

Le lexique ne doit pas faire obstacle à la compréhension d'un problème.
Même si, lors de la conception d'un énoncé de problème, on s'efforcera de choisir un lexique adapté, il n'est ni possible, ni même souhaitable de rédiger tous les problèmes composés uniquement de mots connus de tous les élèves.
L'enseignant doit apprendre aux élèves à comprendre un mot grâce à son contexte. Il le fait lors de séances collectives de lecture. Il doit aussi savoir, quand c'est nécessaire, donner sans perdre de temps le sens d'un mot inconnu.
Exemple : Julie aime manger des pralines. Elle a acheté 5 paquets de 10 pralines. *Combien a-t-elle de pralines ?*
Le mot « praline » n'est pas connu de tous les élèves mais le contexte permet de comprendre qu'il s'agit d'une friandise. L'enseignant peut le dire à ses élèves.

Les situations doivent être « manipulables » pendant l'apprentissage du sens des opérations.
Exemple 1 : Marilou a 30 billes dans une trousse. Elle en donne 24 à Max. *Combien lui reste-t-il de billes ?*
Ce problème est manipulable avec des jetons. Transformé en « *Marilou a 30 € dans sa tirelire. Elle donne 24 € à Max. Combien lui reste-t-il ?* », il n'est plus manipulable qu'avec la monnaie, c'est-à-dire pièces et billets, ce qui lui confère un niveau de difficulté supplémentaire.

Les problèmes de grandeurs et de mesures ne sont généralement pas manipulables. Par conséquent, même si les élèves pourraient résoudre plus tôt dans l'année des problèmes portant sur les longueurs ou sur la monnaie, ceux-ci seront introduits lorsque les procédures numériques auront été enseignées.

L'utilisation de graphiques et de tableaux doit être programmée.
Les énoncés ainsi présentés doivent comporter une question nécessitant le traitement des informations par une opération. C'est à cette condition que les élèves retrouvent exactement la même activité que pour la résolution des problèmes à présentation classique. Si la question posée se limite à un prélèvement d'informations, on est alors dans une activité de lecture, pas en résolution de problèmes.

Nous consacrons une séance spécifique et en fin d'année à l'utilisation des informations prélevées dans un tableau en vue de résoudre un problème.

3. Le calcul du résultat

Un problème n'est résolu que si le résultat est exact. Il importe d'enseigner cette conception aux élèves, et d'accorder au calcul la place qui lui revient dans la validation des réponses.

L'enseignement du calcul, réfléchi ou posé, relève de séances ayant des objectifs spécifiques. Il a pour but de favoriser des acquisitions portant sur les nombres et leurs relations. Il recèle suffisamment de richesse et de complexité pour mériter de concentrer toute l'attention des élèves.

La résolution de problèmes n'est donc ni le domaine des apprentissages, ni celui de l'entraînement au calcul. Elle est celui du réinvestissement, de l'utilisation de toutes les compétences acquises.
En résolution de problèmes, on ne doit mobiliser que des techniques déjà entraînées, des savoir-faire solidement installés.

Une question se pose concernant **l'utilisation des répertoires** (tables) : doit-on autoriser les élèves à les mettre sur la table pendant la résolution de problèmes ? Elle mérite une réponse double : si les élèves ne les connaissent pas et doivent utiliser leurs doigts pour produire les résultats, alors autant mettre à leur disposition les référentiels de résultats.
Mais il nous paraît plus cohérent de **mobiliser prioritairement les répertoires déjà travaillés.**

Les principes énoncés ont des conséquences sur la programmation de la résolution de problèmes. Dès lors qu'une opération est attendue dans une procédure, c'est par le calcul que les élèves doivent produire le résultat. **Les données numériques de l'énoncé doivent prendre en compte « l'état des savoirs et savoir-faire ».**

4. La présentation de la réponse

Chaque enseignant a toute légitimité à fixer les règles de présentation qui conviennent, mais celles-ci doivent prendre en compte un certain nombre d'exigences.

L'explicitation des attentes doit être une ligne directrice.

Dans un second temps, **nous devons valider, pour chaque élève et pour chaque problème, la prise en compte de nos attentes.** C'est pourquoi il nous semble que **cette validation doit se faire en 3 points** :
– écriture de l'opération (ou pertinence de la démarche de manipulation) ;
– calcul du résultat ;
– écriture de la réponse (phrase), étant bien entendu que cette réponse n'a de sens que si et seulement si le résultat est juste. (Il n'est pas question d'évaluer uniquement la production de la phrase.)

L'écriture de l'opération, une obligation ? Il arrive fréquemment qu'un élève produise le résultat après l'avoir calculé mentalement et sans même avoir écrit l'opération effectuée.

Le meilleur moyen d'obtenir l'écriture systématique de l'opération, ce qui est une exigence légitime de l'enseignant, c'est de prendre en compte cette écriture dans l'évaluation du travail écrit. Obtenir le point attribué pour cette écriture constitue un enjeu convaincant, même pour les plus récalcitrants !

L'écriture du signe =, à quel moment ? Le signe « égal à » permet de matérialiser l'égalité entre deux quantités, entre deux écritures d'un même nombre. Il n'est pas « un appel à écrire un résultat ».

Illustrons par un exemple. **Pour résoudre le problème** Lulu a 123 billes. Il en perd 65. *Combien lui reste-t-il de billes ?*, l'élève doit écrire *123 – 65*. C'est seulement au moment d'effectuer le calcul qu'il doit écrire le signe « égal à », puis le résultat. Jamais nous ne devrions donc voir sur un cahier *123 – 65 =*, au prétexte que l'élève aurait omis de recopier le résultat d'une opération posée par ailleurs.

L'écriture de l'opération, en ligne ou en colonnes ? Si une opération doit être écrite, c'est en ligne. L'opération posée en colonnes est écrite dans un second temps, pour répondre à un choix de technique de calcul.

Cela signifie qu'il faut apprendre aux élèves à étudier l'opération écrite en ligne pour choisir d'effectuer un calcul en ligne ou posé.

L'écriture d'une phrase réponse, une obligation ? En début de CE1, l'écriture de la seule réponse numérique accompagnée de l'unité est tout à fait suffisante. Elle permet de consacrer l'essentiel des premières séances à la résolution des problèmes et non à l'écriture des phrases réponses.

L'écriture d'une phrase réponse, quels apprentissages ? Un apprentissage de l'écriture d'une phrase réponse doit être programmé afin d'énoncer les critères de validité et de modéliser une méthodologie de rédaction.

La phrase réponse doit respecter des contraintes syntaxiques et lexicales. Par exemple, la réponse à la question *Combien chacune aura-t-elle d'images ?* doit être au futur simple : *Chacune aura…* De plus, sa structure reprend la question, permettant ainsi à l'élève de recopier les mots dont il a besoin. Nous pouvons ainsi éviter les *« Il y a »*, inappropriés la plupart du temps.

Les questions portant sur les distances (Quelle distance… ? Quelle longueur… ?), **ou les masses** (Quelle masse… ?) présentent une particularité : l'unité n'est pas citée dans la question. Elles méritent, elles aussi, qu'on modélise au cours d'une séance spécifique la manière dont on s'y prend pour répondre.

Les problèmes de recherche dans le parcours des apprentissages

Les problèmes de recherche et les programmes

Nous pouvons relever la phrase suivante en introduction des programmes du domaine Mathématiques du cycle 2 : « L'apprentissage des mathématiques développe l'imagination, la rigueur et la précision, ainsi que le goût du raisonnement. » La rigueur et la précision s'enseignent parfaitement dans le cadre de la résolution des problèmes à une opération. Il n'en va pas de même pour l'imagination et le goût du raisonnement, pour lesquels le niveau de résistance des problèmes doit être plus élevé.

Les problèmes de recherche répondent à ces impératifs car ils mettent les élèves en situation d'être créatifs. C'est pourquoi, même si les programmes n'y font pas explicitement référence, il est pertinent d'intégrer un module de 4 à 5 séances/année de résolution de problèmes de recherche.

Pour autant, il ne suffit pas de donner à résoudre des problèmes difficiles pour que, par la grâce d'une réaction chimique bienvenue, tous les élèves deviennent créatifs et développent leur goût du raisonnement.

Nos choix didactiques et pédagogiques sont résolument guidés par la volonté de conduire les apprentissages qui permettent à chaque élève de tirer le meilleur parti de ses capacités. Pour que la résolution de problèmes de recherche soit bénéfique pour tous, nous ne pouvons pas nous contenter d'une pratique des élèves. Nous devons définir des objectifs spécifiques, proposer des mises en œuvre structurées, favorisant notamment les interactions entre élèves…

Les objectifs de la pratique

Quels sont les apprentissages vers lesquels nous voulons conduire les élèves ?

– Réinvestir des savoir-faire, c'est-à-dire les mettre en œuvre sans demande explicite de la part de l'enseignant et sans que l'énoncé l'induise :
  . choisir les outils mathématiques appropriés (opérations) ;
  . utiliser ses connaissances (les nombres) et ses savoir-faire (ranger des nombres ; effectuer un calcul).
– Mettre en œuvre une démarche :
  . faire des essais prenant en compte la consigne ;
  . évaluer la pertinence d'un essai au regard du but à atteindre ;
  . tirer parti de ses essais (par le calcul).
– Organiser sa recherche aux plans de la conception et de la communication (la penser et l'écrire) :
  . concevoir une organisation de sa recherche avant ou pendant ;
  . écrire tous ses essais ou toutes les étapes de la démarche ;
  . les écrire en respectant le sens de la lecture.
– Participer à des échanges visant à la résolution des problèmes :
  . écouter et prendre en compte les propositions émises par un tiers ;
  . communiquer sa démarche et convaincre.

Quel contrat didactique mettre en place ?

Lorsqu'il donne à résoudre un problème de recherche, l'enseignant attend de l'élève qu'il franchisse un obstacle plus élevé. En contrepartie, il crée les conditions favorisant la réussite, notamment en choisissant un problème motivant et d'une difficulté adaptée, en facilitant l'entrée dans l'activité, en favorisant les interactions entre pairs. Par conséquent, il peut exiger de l'élève un engagement de ses compétences, mais aussi de sa persévérance et de sa volonté. En cela, la « feuille blanche » n'est acceptable qu'à titre exceptionnel. Bien évidemment, cette exigence n'a de sens que si l'enseignant étaie, encourage, aide à structurer.

Comment évaluer les apprentissages ?

Inutile de proposer une évaluation spécifique en résolution de problèmes de recherche… Simplement parce que les programmes ne fixent pas de repères en la matière. Mais il sera légitime d'observer des évolutions concernant la résolution des problèmes classiques.

La mise en œuvre des séances

Les supports de travail : ils sont choisis en fonction des besoins de la mise en commun. Faire travailler sur un format A3 est une possibilité. Il faut alors exiger des élèves :
– qu'ils écrivent suffisamment gros pour que leur écrit soit lisible par tous lors de la mise en commun,
– qu'ils organisent leurs recherches dans la page (de la gauche vers la droite ; du haut vers le bas),
– qu'ils évitent de surcharger leur production de ratures multiples (même si elles font partie du processus de recherche).
Si la classe est équipée d'un TBI et d'un visualiseur, le format A4 devient alors plus adapté.

L'entrée dans l'activité : l'énoncé du problème est projeté, affiché ou copié au tableau. Il est lu collectivement, reformulé, voire expliqué si nécessaire.

La recherche : elle peut être individuelle, mais elle est l'occasion de développer l'aptitude à prendre en compte le point de vue d'un tiers, à communiquer le sien pour convaincre. De plus, le dispositif de recherche par petits groupes (2, voire 3 élèves) évite plus facilement les blocages liés à la difficulté de la recherche et il est par conséquent adapté à l'atteinte des objectifs fixés.
Elle peut être interrompue pour une nouvelle reformulation ou pour aider un groupe parti sur une mauvaise piste. On affiche alors la production et elle devient l'objet d'échanges entre tous les élèves.

La mise en commun : elle permet la comparaison des procédures qui sont affichées. On repère ainsi ce qui est commun et ce qui diffère (aux plans de la démarche mise en œuvre et des résultats obtenus) et on identifie ainsi une procédure (ou des procédures) à valider.
La mise en commun ne consiste pas en une succession de présentations de procédures…

Le choix des problèmes de recherche

Les problèmes proposés aux élèves doivent répondre à des besoins d'apprentissages. En voici deux exemples :
– Un problème à plusieurs étapes est un problème de recherche pour les élèves de CE1 car ceux-ci n'ont pas appris à identifier les questions cachées. Cette activité leur permettra de se familiariser avec cette catégorie de problèmes et de préparer des apprentissages qui seront conduits au cycle 3.
– Faire résoudre un problème de recherche de tous les possibles permet de mettre en évidence des procédés d'organisation d'une démarche.

Les outils pour la classe

L'année de CE1 est dense en apprentissages dans le domaine de la résolution de problèmes.
Pour les mener à bien, ont été déterminés :

> • *un schéma unique de construction des séances :*

– avec pour commencer **un temps collectif** de modélisation, de rappel ou de synthèse ;
– puis un temps de **travail individuel ou par groupes** de résolution de problèmes.

Seules les séances d'évaluation dérogent à cette règle.

> • *une progression et une programmation permettant :*

– de prendre en compte tous les apprentissages à mener ;
– de les coordonner entre eux, mais aussi avec les autres apprentissages mathématiques.

La programmation annuelle décline et positionne les apprentissages dans l'année scolaire.
Elle se compose d'un ensemble de 18 séquences (*cf.* Sommaire, pp. 4 à 6) prenant en compte les contraintes liées aux apprentissages mathématiques non spécifiques au domaine de la résolution de problèmes (numération et calcul).

La programmation annuelle est aussi présentée dans un tableau (*cf.* Annexe 1, p. 29) qui permet de visualiser leur chronologie et leur articulation.

Les outils pour la mise en œuvre des apprentissages

Les 18 séquences représentent un total de 31 séances, réparties en 5 périodes et prévues pour une mise en œuvre effectuée au rythme d'une séance hebdomadaire.

Chacune des séances prévoit l'utilisation :
– d'un **affichage collectif** (sur CD-Rom ou en poster, voir p. 27 et pp. 125 à 127) ;
– d'une **fiche individuelle à photocopier** (sur CD-Rom, voir pp. 28 et 124) ;
– du **corrigé des problèmes** (sur CD-Rom, voir p. 124).

Voir aussi Annexe 3, p. 35.

Les fiches pédagogiques

Elles ont vocation à apporter les informations utiles aux maîtres. Chacune de ces fiches présente :
– l'objectif de la séance ;
– une aide à la mise en œuvre dont un des objectifs est d'éclairer l'enseignant sur le contenu de la séance ;
– le déroulement que nous conseillons ;
– les modalités de travail.

Les contenus mis en jeu y sont également développés afin de donner plus d'aisance aux enseignants dans la mise en œuvre des séances.

Affichage collectif

Fiches individuelles à photocopier

L'ensemble est visualisable au moyen d'un **Tableau récapitulatif des outils** (*cf.* Annexe 3, pp. 35-36).

Les supports collectifs

Chaque séance doit poursuivre un objectif lisible par les élèves. Si c'est une séance d'apprentissage, ce dernier doit être explicité. Si c'est une séance d'entraînement, elle doit commencer par un rappel de ce qui va être mis en jeu.
Un temps collectif est donc prévu systématiquement en début de séance. Il permet de modéliser, de rappeler, de construire ce qui sera ensuite utilisé.

Pour mener avec efficacité ces temps, il faut **un support collectif permettant à tous les élèves de visualiser** et donc d'échanger avec plus de facilité.

Ces supports sont de quatre sortes :
– des présentations PowerPoint, pour des temps de modélisation ou de rappel ;
– des documents Word pour une projection ;
– des documents format PDF (les fiches outils) pour effectuer une synthèse régulière des savoirs et savoir-faire acquis ;
– des posters.

Les présentations PowerPoint

En début d'année, **elles permettent de modéliser la méthodologie à enseigner aux élèves**. Les 4 temps de la résolution d'un problème sont ainsi exposés et vécus en direct.

Elles permettent, par le jeu des animations, de simuler la procédure de manipulation pour chacune des catégories de problèmes. Les élèves visualisent ainsi ce qui caractérise chacune d'elles.

Pour les séances visant le passage aux procédures numériques, **elles mettent en évidence le lien entre manipulation et opération.**

Pour les séances d'entraînement mettant en confrontation deux catégories de problèmes, la présentation **compare les deux procédures,** afin que les élèves puissent visualiser ce qui les rassemble et ce qui les différencie.

Les fiches outils

Ces fiches outils sont conçues **pour les temps de synthèse, d'état des lieux des savoirs et des savoir-faire,** c'est-à-dire lors des séances d'entraînement à la résolution des problèmes relevant des 6 catégories étudiées au CE1.

Elles sont prévues pour une **utilisation collective** en début de séance ou une **utilisation individuelle accompagnée** pendant la résolution des problèmes... Utilisation accompagnée car l'expérience a montré que les élèves rencontrant des difficultés sont aussi ceux qui ont peine à utiliser la fiche à bon escient. Lorsque l'enseignant vient apporter son étayage à la réflexion d'un élève, ces fiches outils constituent une aide efficace aux échanges.

Elles sont présentées en format PDF pour être **projetées,** mais aussi **imprimées** en vue d'une distribution aux élèves.

4 versions de la fiche outil sont présentées au cours de l'année (*cf.* pp. 16-17).

Les fiches de problèmes

<table>
<tr><td colspan="2">Période 1</td></tr>
</table>

Séquence 1 / Résoudre des problèmes en manipulant. • Apprendre une méthodologie — Séance 1A

Pour résoudre un problème, tu dois :
1. Lire l'énoncé.
2. Apprendre par cœur la question.
3. Utiliser les jetons pour chercher la réponse.
4. Écrire la réponse dans le cadre prévu.

Nom :
Date :

Les images – série A

Résolution collective

1 • Karima a 4 paquets de 5 images.
Combien a-t-elle d'images en tout ?
Réponse :

2 • Léo avait 26 images.
À la récréation, il en a perdu 12.
Combien lui reste-t-il d'images ?
Réponse :

Résous seul les problèmes suivants.

3 • Ali a 20 images.
Il les partage avec Jules, Léa et Évan.
Combien chacun aura-t-il d'images ?
Réponse :

4 • Laura avait 7 images.
Sa mamie lui en a donné 16.
Combien a-t-elle d'images maintenant ?
Réponse :

5 • Tom a une boîte de 18 images.
Il compte 6 images de chats.
Les autres sont des images de chiens.
Combien y a-t-il d'images de chiens dans la boîte ?
Réponse :

6 • Éva a 15 images. Elle va les coller dans
un cahier. Elle va coller 3 images sur chaque page.
Combien lui faut-il de pages ?
Réponse :

Période 1

Séquence 1 / Résoudre des problèmes en manipulant. • Apprendre une méthodologie — Séance 1A

Pour résoudre un problème, tu dois :
1. Lire l'énoncé.
2. Apprendre par cœur la question.
3. Utiliser les jetons pour chercher la réponse.
4. Écrire la réponse dans le cadre prévu.

Nom :
Date :

Les images – série B

Résolution collective

1 • Karima a 4 paquets de 5 images.
Combien a-t-elle d'images en tout ?
Réponse :

2 • Léo avait 26 images.
À la récréation, il en a perdu 12.
Combien lui reste-t-il d'images ?
Réponse :

Résous seul les problèmes suivants.

3 • Ali a 24 images.
Il les partage avec Jules, Léa et Évan.
Combien chacun aura-t-il d'images ?
Réponse :

4 • Laura avait 12 images.
Sa mamie lui en a donné 15.
Combien a-t-elle d'images maintenant ?
Réponse :

5 • Tom a une boîte de 26 images.
Il compte 15 images de chats.
Les autres sont des images de chiens.
Combien y a-t-il d'images de chiens dans la boîte ?
Réponse :

6 • Éva a 20 images. Elle va les coller dans
un cahier. Elle va coller 4 images sur chaque page.
Combien lui faut-il de pages ?
Réponse :

Elles sont presque toutes constituées :

–   D'un rappel du savoir ou du savoir-faire enseigné et mis en jeu dans les problèmes… Chaque séance ayant un objectif et commençant par un temps collectif, la série de problèmes correspondante est précédée d'une trace écrite utilisée en autonomie par les élèves lorsqu'ils rencontrent un obstacle, mais aussi par l'enseignant lorsqu'il apporte son étayage au travail d'un élève.

–   D'une série de problèmes composée d'un tronc commun (généralement 6 problèmes) et de problèmes **supplémentaires.** Le tronc commun met en jeu ce qui doit être travaillé par tous et constitue le contrat à réussir. Les problèmes supplémentaires sont prévus à destination des élèves les plus rapides… Le plus souvent, ils poursuivent l'entraînement ; parfois ils permettent d'aller plus loin.

Certaines séries sont présentées en 2 versions différant uniquement par les données numériques. C'est notamment le cas en début d'année, au moment d'installer le contrat didactique. Cette stratégie contraint chaque élève à travailler sans s'occuper de ce que fait le voisin et lui permet par voie de conséquence d'engranger de la confiance *(« Les problèmes que j'ai résolus, je les ai résolus seul. »)*
Il faut noter que le premier ou les deux premiers problèmes restent identiques pour tous, permettant une résolution collective.

Annexe 1 – Programmation des apprentissages

Périodes	période 1						période 2						période 3						période 4							période 5					
N° des séquences	S1				S2		S3			S4	S5	S6	S7				S8	S9	S10			S11	S12	S13	S14	S15			S16	S17	S18
N° des séances	1A	1B	1C	1D	2A	2B	3A	3B	3C	4A	5A	6A	7A	7B	7C	7D	8A	9A	10A	10B	10C	11A	12A	13A	14A	15A	15B	15C	16A	17A	18A

Méthodologie :

	1A	1B	1C	1D	2A	2B	3A	3B	3C	4A	5A	6A	7A	7B	7C	7D	8A	9A	10A	10B	10C	11A	12A	13A	14A	15A	15B	15C	16A	17A	18A
Mémorisation des différentes étapes de la résolution d'un problème : *Comment dois-je faire pour résoudre un problème ?*		▲		▲																										▲	
Lecture de l'énoncé : (lectures guidées) *Comment lire et comprendre l'énoncé ?*	▲	▲		▲	▲	▲							▲	▲	▲											▲			▲	▲	
Communication de la réponse : – nombre + unité (sur fiche) ▲ – présentation sur cahier ★ – rédaction d'une phrase réponse ●	▲	▲		▲			★	★	●	●			▲	▲	▲											●	●	●		●	
Résolution de problèmes de recherche : (recours à une procédure personnelle)													▲	▲	▲																

Choix de l'opération :

	1A	1B	1C	1D	2A	2B	3A	3B	3C	4A	5A	6A	7A	7B	7C	7D	8A	9A	10A	10B	10C	11A	12A	13A	14A	15A	15B	15C	16A	17A	18A
Séances de résolution par manipulation	■ C1àC6	■ C1àC6	■ C1àC6														■ C5àC6														
Séances de catégorisation					■	■ F0 n°1																									
Séances d'introduction d'une opération dans les procédures							■ C1/C6 +et−	■ C2/C3 +et−		■ C4 addit-réit-	■ F0 n°2							■ F0 n°2				■ C5/C6	■ C4 : ×	■ F0 n°3		■ F0 n°4					
Séances d'entraînement au choix entre 2 opérations (ou 2 procédures)									■ C1àC3				■ C3/C4	■ C3/C4	■ C1/C3	■ C2/C3									■ C5/C6					
Séances d'entraînement au choix de la procédure de calcul, sur les 6 catégories																		■	■	■	■					■	■	■	■	■	
Rédaction de problèmes																			■ C1	■ C2	■ C4										
Séances d'évaluation → résolution de problèmes des 6 catégories												■ C1àC6					■ C3àC6														■ C1àC6

C = Codage des 6 catégories de problèmes
F0 = fiche outil

C1 : recherche de ce qui reste (problèmes de soustraction)
C2 : recherche d'une partie d'un tout (problèmes de soustraction)
C3 : recherche d'un tout (problèmes d'addition)
C4 : recherche d'un tout (problèmes de multiplication)
C5 : recherche de la valeur d'une part (problèmes de division)
C6 : recherche du nombre de parts (problèmes de division)

Annexe 2 – Catégorisation des problèmes d'addition et de soustraction

3 activités

Gérard Vergnaud a élaboré une typologie des structures additives[1]. Il distingue quatre situations, c'est-à-dire quatre activités dans lesquelles la question posée se résout par la somme ou la différence des nombres présents : la transformation d'un état, la composition de deux mesures, la comparaison et la composition de transformations.

La composition de transformations concerne des situations à 2 étapes ou plus (voir schéma ci-dessous). Or, nous voulons catégoriser les problèmes à une étape. Nous l'exclurons donc de notre liste.

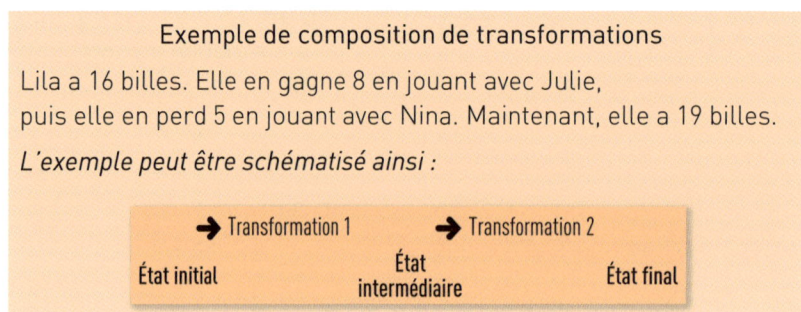

Exemple de composition de transformations

Lila a 16 billes. Elle en gagne 8 en jouant avec Julie,
puis elle en perd 5 en jouant avec Nina. Maintenant, elle a 19 billes.

L'exemple peut être schématisé ainsi :

	→ Transformation 1		→ Transformation 2	
État initial		État intermédiaire		État final

---

5 situations

Une transformation peut être positive ou négative. Une comparaison aussi. Ce sont donc 5 situations qu'il faut étudier.

1	La transformation positive dans le cas d'une augmentation	*Exemple* : Valérie avait 25 billes. Pendant la récréation, elle en a **gagné** 12. Maintenant, elle a 37 billes.
2	La transformation négative dans le cas d'une diminution	*Exemple* : Alexandre avait 25 billes. Pendant la récréation, il en a **perdu** 12. Il lui reste 13 billes.
3	La composition de 2 mesures	*Exemple* : Lucas a un sac de 28 billes. Dans le sac, il y a 17 billes rouges et 11 billes bleues.
4	La comparaison positive	*Exemple* : Laurine a 28 billes. Chloé en a 19. Laurine a 9 billes **de plus** que Chloé.
5	La comparaison négative	*Exemple* : Anne a 6 billes. Louise en a 18. Anne a 12 billes **de moins** que Louise.

15 problèmes... 14 catégories

Nous allons étudier tous les problèmes qui peuvent être générés à partir de ces 5 situations, afin de mettre en évidence le lien entre une catégorie et l'opération qui lui correspond. Nous identifierons aussi ce qui caractérise chacun des problèmes.

> **Une situation, 3 problèmes**
>
> Chacune des situations permet de générer 3 problèmes par la substitution d'une question à une des informations.

---

1. « La typologie des structures additives », *Le Nombre au cycle 2*, SCEREN.

1. La transformation positive (augmentation)

Situation : Valérie avait 25 billes. À la récréation, elle en a gagné 12. Maintenant, elle a 37 billes.

Problèmes	Opérations	Remarques
Valérie avait 25 billes. À la récréation, elle en a gagné 12. *Combien a-t-elle de billes maintenant ?*	25 + 12 addition	On cherche l'**état final**, c'est-à-dire *combien il y a en tout*. Il y a correspondance entre la situation (augmentation) et l'opération (addition).
Valérie avait 25 billes. À la récréation, elle en a gagné. Maintenant, elle a 37 billes. *Combien a-t-elle gagné de billes ?*	37 − 25 soustraction	On cherche la **transformation positive**. C'est la soustraction qui est utilisée dans une situation d'augmentation.
Valérie avait des billes. À la récréation, elle en a gagné 12. Maintenant, elle a 37 billes. *Combien avait-elle de billes ?*	37 − 12 soustraction	On cherche l'**état final**, c'est-à-dire *combien il y avait avant*. C'est la soustraction qui est utilisée dans une situation d'augmentation.

2. La transformation négative (diminution)

Situation : Alexandre avait 25 billes. À la récréation, il en a perdu 12. Il lui reste 13 billes.

Problèmes	Opérations	Remarques
Alexandre avait 25 billes. À la récréation, il en a perdu 12. *Combien lui reste-t-il de billes ?*	25 − 12 soustraction	On cherche l'**état final**, c'est-à-dire *combien il reste*. Il y a correspondance entre la situation (diminution) et l'opération (soustraction).
Alexandre avait 25 billes. À la récréation, il en a perdu. Maintenant, il en a 13. *Combien a-t-il perdu de billes ?*	25 − 13 soustraction	On cherche la **transformation négative**. Il y a correspondance entre la situation (diminution) et l'opération (soustraction).
Alexandre avait des billes. À la récréation, il en a perdu 12. Maintenant, il en a 13. *Combien avait-il de billes ?*	12 + 13 addition	On cherche l'**état initial**, c'est-à-dire *combien il y avait avant*. Il faut utiliser l'addition dans une situation de diminution.

3. La composition de 2 mesures

Situation : Lucas a un sac de 28 billes. Dans le sac, il y a 17 billes rouges et 11 billes bleues.

Problèmes	Opérations	Remarques
Lucas a un sac de 28 billes. Dans le sac, il y a 17 billes rouges et des billes bleues. *Combien y a-t-il de billes bleues ?*	28 − 17 soustraction	Les structures des deux problèmes sont identiques. On recherche **une partie d'un tout**. Le cardinal de cette partie est nécessairement inférieur à celui du tout. *L'addition à trou* peut aussi être utilisée en lieu et place de *la soustraction*. Mais il faut apprendre aux élèves à passer de la première à la seconde, l'utilisation de l'addition à trou étant limitée à un domaine numérique restreint.
Lucas a un sac de 28 billes. Dans le sac, il y a des billes rouges et 11 billes bleues. *Combien y a-t-il de billes rouges ?*	28 − 11 soustraction	
Lucas a un sac de billes. Dans le sac, il y a 17 billes rouges et 11 billes bleues. *Combien y a-t-il de billes ?*	17 + 11 addition	On cherche « **combien ça fait en tout** ». Il y a correspondance entre la situation (réunion) et l'opération (addition).

4. La comparaison positive

Situation : Laurine a 28 billes. Chloé en a 19. Laurine a 9 billes de plus que Chloé.

Problèmes	Opérations	Remarques
Laurine a 28 billes. Chloé en a 19. *Combien Laurine a-t-elle de billes de plus que Chloé ?*	28 – 19 soustraction	On cherche un écart. C'est la soustraction qui est utilisée alors que la question contient la formule « de plus ».
Chloé a 19 billes. Laurine en a 9 de plus que Chloé. *Combien Laurine a-t-elle de billes ?*	19 + 9 addition	On cherche une des deux collections à comparer. Il y a correspondance entre la formule « de plus » présente dans le texte et l'opération à utiliser (addition).
Laurine a 28 billes. Elle en a 9 de plus que Chloé. *Combien Chloé a-t-elle de billes ?*	28 – 9 soustraction	On cherche une des deux collections à comparer. C'est la soustraction qui est utilisée alors que le texte contient la formule « de plus ».

5. La comparaison négative

Situation : Anne a 6 billes. Louise en a 18. Anne a 12 billes de moins que Louise.

Problèmes	Opérations	Remarques
Anne a 6 billes. Louise en a 18. *Combien Anne a-t-elle de billes de moins que Louise ?*	18 – 6 soustraction	On cherche d'un écart. Il y a correspondance entre la formule « de moins » présente dans la question et l'opération à utiliser (soustraction).
Louise a 18 billes. Anne a 12 billes de moins que Louise. *Combien Anne a-t-elle de billes ?*	18 – 6 soustraction	On cherche une des deux collections à comparer. Il y a correspondance entre la formule « de moins » présente dans le texte et l'opération à utiliser (soustraction).
Anne a 6 billes. Elle a 12 billes de moins que Louise. *Combien Louise a-t-elle de billes ?*	6 + 12 addition	On cherche une des deux collections à comparer. C'est l'addition qui est utilisée alors que le texte contient la formule « de moins ».

Catégorisation en tableau

Les problèmes de soustraction	Les problèmes d'addition
État initial → transformation → état final	
• Alexandre avait 25 billes. À la récréation, il en a perdu 12. *Combien lui reste-t-il de billes ?* → *On cherche ce qui reste.* • Alexandre avait 25 billes. À la récréation, il en a perdu. Il lui reste 13 billes. *Combien a-t-il perdu de billes ?* ou • Valérie avait 25 billes. À la récréation, elle en a gagné. Maintenant, elle a 37 billes. *Combien a-t-elle gagné de billes ?* → *On cherche la transformation.* • Valérie avait des billes. À la récréation, elle en a gagné 12. Maintenant, elle a 37 billes. *Combien avait-elle de billes avant la récréation ?* → *On cherche l'état initial.*	• Valérie avait 25 billes. À la récréation, elle en a gagné 12. *Combien a-t-elle de billes maintenant ?* → *On cherche le tout.* • Alexandre avait des billes. À la récréation, il en a perdu 12. Il lui reste 13 billes. *Combien avait-il de billes avant la récréation ?* → *On cherche l'état initial.*
Deux parties forment un tout ou réunion de collections	
• Lucas a un sac de 28 billes. Dans le sac, il y a 17 billes rouges et des billes bleues. *Combien y a-t-il de billes bleues ?* ou • Lucas a un sac de 28 billes. Dans le sac, il y a des billes rouges et 11 billes bleues. *Combien y a-t-il de billes rouges ?* → *On cherche une partie d'un tout.*	• Lucas a un sac de billes. Dans le sac, il y a 17 billes rouges et 11 billes bleues. *Combien y a-t-il de billes ?* → *On cherche un tout.*
Comparaison de collections	
• Laurine a 28 billes. Chloé en a 19. *Combien Laurine a-t-elle de billes de plus que Chloé ?* ou • Anne a 6 billes. Louise en a 18. *Combien Anne a-t-elle de billes de moins que Louise ?* → *On cherche un écart.* • Laurine a 28 billes. Laurine a 9 billes de plus que Chloé. *Combien Chloé a-t-elle de billes ?* ou • Louise a 18 billes. Anne a 12 billes de moins que Louise. *Combien Anne a-t-elle de billes ?* → *On cherche une des deux valeurs.*	 • Chloé a 19 billes. Laurine a 9 billes de plus que Chloé. *Combien Laurine a-t-elle de billes ?* ou • Anne a 6 billes. Anne a 12 billes de moins que Louise. *Combien Louise a-t-elle de billes ?* → *On cherche une des deux valeurs.*

Annexe 3 – Tableau récapitulatif des outils

Période	Séquence	Séance	CD-Rom Fiche élève (travail individuel)	CD-Rom Affichage collectif[1]	Posters[2]
Période 1	1. Manipuler pour comprendre la situation problème	1A. Les étapes de la résolution d'un problème (1)	Les images	• Power point : 1A Méthodologie • PDF : Énoncé du problème	Poster 1
		1B. Les étapes de la résolution d'un problème (2)	Les petites voitures	• Power point : 1B Méthodologie • PDF : Énoncé du problème	Poster 1
		1C. Les étapes de la résolution d'un problème (3)	Les récoltes	• Power point : 1C Méthodologie • PDF : Énoncé du problème	Poster 1
		1D. Les étapes de la résolution d'un problème (4)	Les élèves	• Power point : 1D Méthodologie • PDF : Énoncé du problème	Poster 1
	2. Apprendre à reconnaître la catégorie d'un problème	2A. Chercher la catégorie d'un problème	Les billes	• PDF : 2A Catégorisation Tableau • PDF : 2A Catégorisation Problèmes 1 à 6 • PDF : 2A Méthodologie	Poster 2 (séance 2A)
		2B. Reconnaître la catégorie d'un problème	Sorciers et sorcières	• PDF : Fiche outil n°1	Poster 3 (Fiche outil n°1)
Période 2	3. Apprendre à utiliser la soustraction	3A. La recherche d'un reste	Sortie en forêt	• Power point : 3A Méthodologie	Posters 4 à 6 (séance 3A)
		3B. La recherche d'une partie	Au gymnase	• Power point : 3B Méthodologie	Poster 7 (séance 3B)
		3C. Le choix entre l'addition et la soustraction (synthèse)	Problèmes au chocolat	• Power point : 3C Méthodologie	Posters 8 et 9 (séance 3C)
	4. Apprendre une procédure numérique pour résoudre un problème de multiplication	4A. Les problèmes de multiplication : l'addition réitérée	Les chats de Lucas	• Power point : 4A Méthodologie	Poster 10 (séance 4A)
	5. Synthèse : Utiliser une procédure appropriée	5A. Résolution de problèmes relevant des 6 catégories en utilisant la procédure appropriée	Décorations de Noël	• PDF : Fiche outil n°2	Poster 11 (Fiche outil n°2)
	6. Évaluation	6A. Apprentissages menés en périodes 1 et 2	Fiche évaluation		
Période 3	7. S'entraîner à la résolution de problèmes de recherche	7A. Problème de recherche à étapes	Addition réitérée (1) / Problème de recherche : Les tulipes	• PDF : 7A Recherche 1 Enoncé du problème	
		7B. Problème de recherche avec des essais	Addition réitérée (2) / Problème de recherche : Chameaux et dromadaires	• PDF : 7B Recherche 2 Enoncé du problème	
		7C. Problème de recherche de tous les possibles	Recherche d'un reste / Problèmes de recherche : Les costumes du clown	• PDF : 7C Recherche 3 Enoncé du problème	
		7D. Problème de recherche long	Recherche d'une partie / Problèmes de recherche Poules, renards, vipères	• PDF : 7D Recherche 4 Enoncé du problème	

1. Affichage collectif : au choix de l'enseignant, à imprimer ou à vidéoprojeter.
2. Les posters en A3 et A2 ne font pas partie du CD-Rom. Ils sont proposés à part, sous le titre *Résoudre des problèmes CE1 Posters*.

Période	Séquence	Séance	CD-Rom Fiche élève (travail individuel)	CD-Rom Affichage collectif	Posters
Période 3	8. Manipuler pour résoudre des problèmes de division	8A. Problèmes de division	La gourmandise d'Anelise	• Power point : 8A Méthodologie	Posters 12 et 13 (séance 8A)
	9. Synthèse : Utiliser une procédure appropriée	9A. Résolution de problèmes relevant des 6 catégories en utilisant la procédure appropriée	Les métiers	• PDF : Fiche outil n°2	Poster 11 (Fiche outil n°2)
Période 4	10. Consolider des procédures	10A. Problèmes de soustraction : recherche d'un reste	Julie jardine (1)	• PDF : 10A Rédaction 1 Soustraction Reste	
		10B. Problèmes de soustraction : recherche d'une partie d'un tout	Julie jardine (2)	• PDF : 10B Rédaction 2 Soustraction Partie	
		10C. Problèmes de multiplication	Julie jardine (3)	• PDF : 10C Rédaction 3 Addition réitérée	
	11. Apprendre une procédure numérique	11A. Problèmes de division (1)	Groupements et partages	• Power point : 11A Méthodologie	Posters 14 et 15 (séance 11A)
	12. Apprendre une procédure experte	12A. Problèmes de multiplication : écriture de la multiplication	Julie à la fête foraine	• Power point : 12A Méthodologie	Poster 16 (séance 12A)
	13. Synthèse : Utiliser une procédure appropriée	13A. Résolution de problèmes relevant des 6 catégories en utilisant la procédure appropriée	Chez Lino	• PDF : Fiche outil n°3	Poster 17 (Fiche outil n°3)
Période 5	14. Apprendre une procédure numérique	14A. Problèmes de division (2)	Groupements et partages avec reste non nul	• Power point : 14A Méthodologie	Posters 18 et 19 (séance 14A)
	15. Résoudre des problèmes de grandeurs et mesures	15A. Problèmes portant sur la monnaie	La monnaie	• PDF : Fiche outil n°4 • Power point : 15A Méthodologie	Posters 20 (Fiche outil n°4) et 21 (séance 15A)
		15B. Problèmes portant sur les longueurs et les distances	Les longueurs et les distances	• Power point : 15B Méthodologie	Posters 22 et 23 (séance 15B)
		15C. Problèmes portant sur les masses	Des grammes et des kilogrammes	• Power point : 15C Méthodologie	Poster 24 (séance 15C)
	16. Résoudre des problèmes particuliers	16A. Problèmes présentés avec un tableau	Les problèmes avec tableaux	• PDF : 16A Problèmes avec tableaux	
	17. Prolongement : Résoudre des problèmes à 2 étapes	17A. La résolution de problèmes à 2 étapes	Des problèmes à 2 étapes	• PDF : 17A Problèmes à deux étapes	
	18. Évaluation	18A. Apprentissages menés au CE1	Fiche évaluation		

Manipuler pour comprendre la situation problème

– Les 4 étapes de la résolution énoncées ci-dessus constituent un ensemble destiné à fournir aux élèves une méthodologie de résolution. Celle-ci est adaptée aux élèves de CE1 et son apprentissage nécessite une mise en œuvre collective et répétée.

– Les élèves les plus performants seront capables de résoudre par le calcul certains des problèmes proposés dans cette séquence. On les fera cependant manipuler pendant deux séances dont ils tireront profit en consolidant leur connaissance des différentes situations.

➲ Objectifs de la séquence

Faire acquérir une méthodologie en 4 étapes,
favorisant la résolution des problèmes mathématiques :

1. lire l'énoncé ;
2. apprendre la question par cœur ;
3. chercher la réponse en manipulant ;
4. écrire la réponse.

Favoriser la compréhension des situations et des problèmes appartenant à toutes les catégories à étudier au CE1, par l'utilisation de la manipulation comme moyen de résolution.

Plan de la séquence

Elle est constituée de 4 séances portant le même titre : « Les étapes de la résolution d'un problème ».
Une série de 6 problèmes est prévue pour chaque séance. Elle contient un problème de chacune des 6 catégories à étudier au CE1.

Matériel

Affichages collectifs

ou poster 1

Pour chaque séance, une présentation PowerPoint (séances 1A, 1B, 1C, 1D) permettant d'afficher les 4 étapes de la méthodologie, et la modélisation de la résolution d'un problème.

Ou si la classe n'est pas équipée de matériel de vidéoprojection :
– poster 1 : « Les 4 étapes de la résolution d'un problème » ;
– A4 à imprimer (CD-Rom) : l'énoncé du problème servant pour la modélisation (séances 1A, 1B, 1C, 1D).

Fiches individuelles à photocopier

Séries de 6 problèmes, suivies de problèmes supplémentaires :
– Séance 1A : Les images
– Séance 1B : Les petites voitures
– Séance 1C : Les récoltes
– Séance 1D : Les élèves

Matériel pour la manipulation

Pour chaque élève, 30 à 40 jetons (ou cubes ou bûchettes…) mis dans un pot.

Les étapes de la résolution d'un problème (1)

Présentation et mise en œuvre collective de la méthodologie, puis application individuelle

Séance 1A

50 min

1. Présentation de la séance

● Demander aux élèves de réfléchir aux caractéristiques d'un problème en général.

Réponses attendues :

– Un problème est le plus souvent composé d'un texte et d'une question. On se satisfera de cette représentation qui sera enrichie en cours d'année.

– Il faut trouver la réponse à la question posée, cette réponse n'étant pas écrite dans le texte.

● Expliquer aux élèves qu'ils vont apprendre comment résoudre un problème, et pour commencer quelles sont les étapes de la résolution.

> Si les élèves éprouvent des difficultés à formuler une réponse précise, leur écrire un exemple de problème au tableau *(ex : J'avais 30 images et j'en ai perdu 17. Combien m'en reste-t-il ?)*

2. Modélisation de la résolution d'un problème

● Distribuer la fiche photocopiée en veillant à ce que deux élèves voisins aient une fiche différente (deux séries sont proposées : séries A et B).

> La série de problèmes est préparée en 2 versions identiques pour les problèmes 1 et 2, supports d'un travail collectif.
> À partir du problème 3, les 2 versions diffèrent par leurs données numériques. En donnant une série différente à deux voisins, on évite que de mauvaises habitudes soient prises et on favorise l'installation de la confiance *(« Ce que je réussis, je le réussis seul. »)*

> ⊙ **Les images**

● Commencer la présentation du PowerPoint « Séance 1A ».

● Faire lire la diapositive 1 silencieusement puis à voix haute. Elle présente les 4 étapes de la méthodologie.

> **Pour résoudre un problème, tu dois...**
>
> 1. **Lire l'énoncé.**
> 2. **Apprendre par cœur la question.**
> 3. **Utiliser les jetons pour chercher la réponse.**
> 4. **Écrire la réponse dans le cadre prévu.**

> Cette première diapositive permet d'isoler le travail de méthodologie de la résolution par elle-même.

> ⊙ **1A Méthodologie**

- Présenter les diapositives 2 et 3. Les faire lire à voix haute par des élèves.

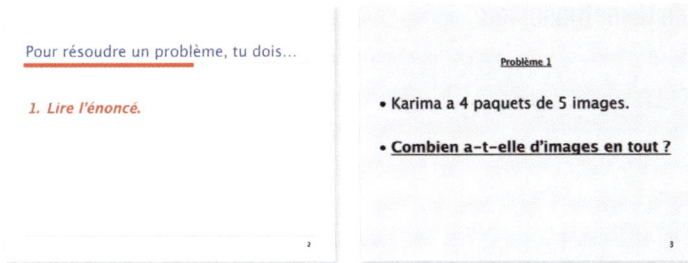

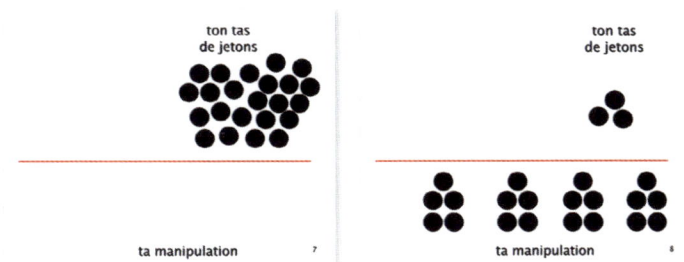

La lecture collective de l'énoncé constitue un temps d'apprentissage.
Effectuée par un élève, elle doit mettre en évidence la simplicité de la situation. L'enseignant s'assure que tous les élèves ont compris l'énoncé du problème. Ainsi, les éventuelles difficultés constatées lors de la résolution pourront être attribuées au traitement des informations.

- Faire de même pour les diapositives 4 et 5.

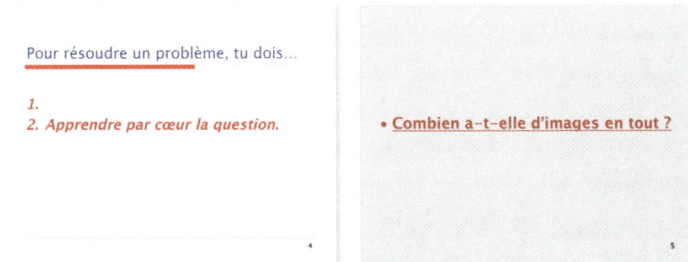

Pour résoudre un problème, on doit savoir ce qu'on cherche. La mémorisation de la question est donc nécessaire.
Ici, la mémorisation par cœur est imposée, en particulier aux élèves auxquels le niveau de langage ne permet pas la reformulation.

Pour cette première séance, il convient de faire réciter la question à plusieurs élèves, et en particulier à ceux susceptibles de rencontrer des difficultés lors de la résolution.

- Présenter la diapositive 6.

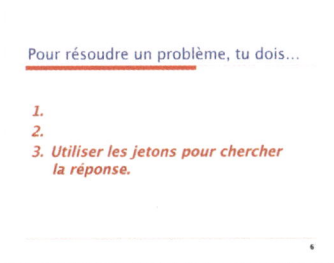

Après lecture de ces diapositives liées à la méthodologie, demander aux élèves ce qu'ils doivent trouver pour s'assurer qu'ils ont compris la tâche à réaliser. Alors, l'enseignant explique aux élèves que pour résoudre ce problème, ils vont s'aider en manipulant les jetons. **Un jeton représente une image, pas un paquet car ce sont les images qu'il faut compter.**

- Faire chercher la réponse à la question en faisant constituer par chaque élève les collections avec les jetons.
Demander à chacun ce qu'il a trouvé.

- Valider collectivement la réponse « 20 images ».

- Présenter les diapositives 7 et 8.

On veillera, lors de la manipulation, à ce que les élèves comprennent bien qu'il faut constituer les collections nécessaires pour **répondre à la question** (ici, les collections d'images), et non constituer une collection correspondant à chaque nombre de l'énoncé.
Par exemple, on n'utilise pas de jetons pour représenter le facteur de répétition (ici, le nombre de paquets).

Pour les élèves, la constitution des collections peut masquer « le vrai travail à effectuer », c'est-à-dire chercher la réponse. Il faut s'assurer en passant auprès de chacun que le travail est mené à son terme.

Ces deux diapositives permettent d'insister sur l'organisation de la manipulation :
– Les jetons qui « participent » au problème sont mis sur la table pour toute la durée de la manipulation et ne sont rangés qu'après validation par l'enseignant. Cette précaution permettra à l'élève et à l'enseignant d'agir avec plus de rapidité si une erreur est commise.
– Les jetons sont organisés en collections de 5 ou de 10, de sorte que l'enseignant repère très vite les erreurs de dénombrement.
On acceptera différents types de configuration :

● Présenter les diapositives 9, 10 et 11.

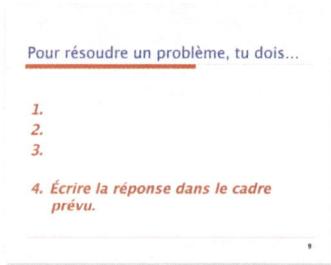

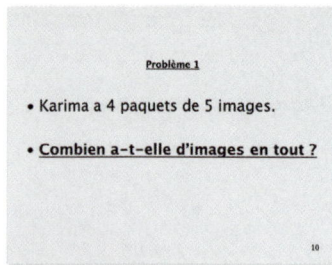

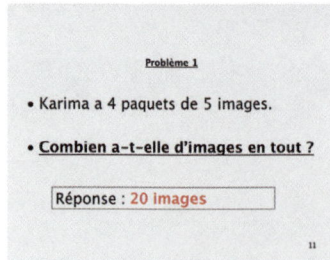

La réponse sera constituée du nombre suivi de son unité.

La rédaction d'une phrase réponse nécessite un apprentissage spécifique programmé en période 2.

Faire écrire la réponse sur la fiche par chaque élève.

● Présenter la diapositive 12.

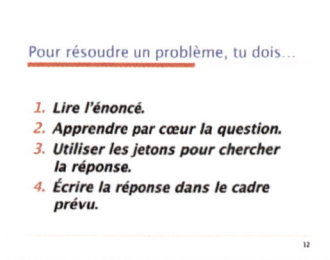

Cette diapositive est reproduite en haut de la fiche élèves…
Elle facilitera un éventuel dialogue entre élève et enseignant pendant le travail individuel.

Faire relire les 4 étapes de la résolution d'un problème.

3. Seconde modélisation de la résolution d'un problème

● Présenter la diapositive 13.

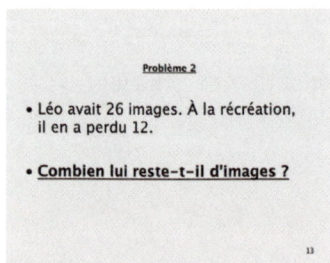

Le problème 2 est prévu pour une résolution collective. Toutefois, l'enseignant peut autoriser certains élèves à se lancer dans le travail individuel. Il rappelle alors la nécessité de respecter les 4 étapes et notamment de mémoriser la question.

Cette seconde modélisation est plus rapide. Une seule diapositive est affichée, celle du texte du problème.

● Procéder à une lecture collective du problème.

● Faire mémoriser et contrôler la bonne restitution de la question.

● Individuellement, les élèves cherchent la réponse avec les jetons, puis écrivent la réponse sur leur fiche.

La collection de 26 images doit être organisée en groupes de 10, afin d'éviter les erreurs de dénombrement.
Les 12 images « perdues » doivent être écartées, mais pas rangées dans le pot…
Là encore pour faciliter le repérage d'éventuelles erreurs.

La manipulation favorise la résolution des problèmes concrets… Il ne faut pas que des erreurs répétées de dénombrement laissent penser aux élèves qu'ils ne réussissent pas en résolution de problèmes. C'est la raison pour laquelle l'enseignant doit manifester autant d'exigence d'organisation lors des manipulations.

4. Application individuelle

● Annoncer la consigne aux élèves : « *Vous allez maintenant résoudre les problèmes 3 à 6 en procédant comme nous venons de le faire, en suivant les quatre étapes.* »

Leur indiquer que deux voisins n'ont pas le même problème. Ils devront prendre l'habitude de travailler seuls.

3 • Ali a 20 images. Il les partage avec Jules, Léa et Évan. *Combien chacun aura-t-il d'images ?*	Réponse :
4 • Laura avait 7 images. Sa mamie lui en a donné 16. *Combien a-t-elle d'images maintenant ?*	Réponse :
5 • Tom a une boîte de 18 images. Il compte 6 images de chats. Les autres sont des images de chiens. *Combien y a-t-il d'images de chiens dans la boîte ?*	Réponse :
6 • Éva a 15 images. Elle va les coller dans un cahier. Elle va coller 3 images sur chaque page. *Combien lui faut-il de pages ?*	Réponse :

La mise en application des 4 étapes est mise en avant, mais l'enseignant vise aussi la résolution du plus grand nombre possible de problèmes.

Il veille notamment au bon traitement des informations et attire l'attention sur les difficultés suivantes :

– le problème 3 est un partage en 4, pas en 3 ;

– dans le problème 5, les images de chats sont dans la boîte. Ce ne sont pas de nouvelles images ;

– dans le problème 6, il faut compter le nombre de pages, pas celui des images.

Les étapes de la résolution d'un problème (2)

Rappel collectif puis application individuelle

Séance 1B

50 min

1. Modélisation de la résolution d'un problème

● Distribuer la fiche photocopiée « Les petites voitures » (2 fiches différentes pour les élèves voisins).

Le dispositif est identique à celui de la séance 1A.

Les petites voitures

- Commencer la présentation du PowerPoint « Séance 1B ». Faire lire la diapositive 1 silencieusement puis à voix haute.

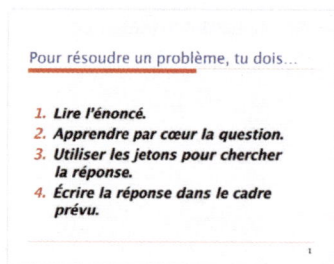

Pour résoudre un problème, tu dois...

1. *Lire l'énoncé.*
2. *Apprendre par cœur la question.*
3. *Utiliser les jetons pour chercher la réponse.*
4. *Écrire la réponse dans le cadre prévu.*

- Présenter les diapositives 2 et 3. Les faire lire à voix haute par des élèves.

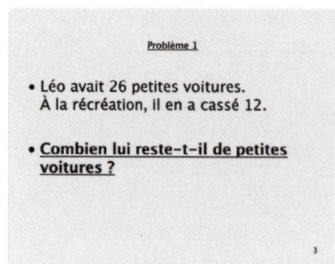

Problème 1

- Léo avait 26 petites voitures.
À la récréation, il en a cassé 12.

- **Combien lui reste-t-il de petites voitures ?**

diapositive 3

La situation est une diminution. Le problème est une recherche de ce qui reste (état final) après la diminution. C'est donc un problème de soustraction.
La manipulation suit la chronologie des informations.

- Faire de même pour les diapositives 4 et 5 (Mémoriser la question).

- Présenter la diapositive 6 (Utiliser les jetons pour chercher la réponse).
Les élèves doivent arriver à la conclusion suivante : **un jeton représente une petite voiture**.

- Chaque élève cherche la réponse à la question en constituant des collections avec les jetons.
Demander à chacun ce qu'il a trouvé et valider collectivement la réponse : *14 images*.

- Présenter les diapositives 7, 8, 9 et 10.

ton tas de jetons

ta manipulation

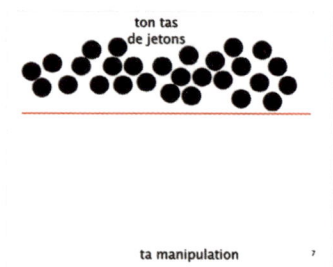

diapositive 7

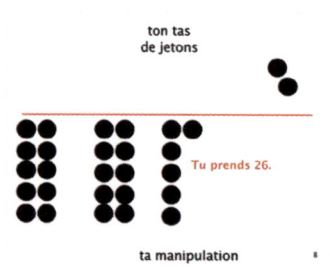

ton tas de jetons

Tu prends 26.

ta manipulation

diapositive 8

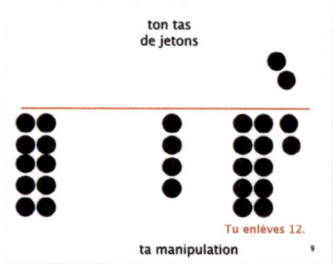

ton tas de jetons

Tu enlèves 12.

ta manipulation

diapositive 9

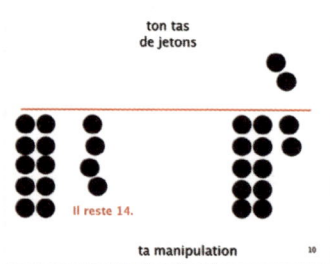

ton tas de jetons

Il reste 14.

ta manipulation

diapositive 10

La relecture collective de cette diapositive constitue un rappel des 4 étapes de la résolution.

Mais l'objectif n'est pas que les élèves soient capables de réciter par cœur les 4 phrases de la diapositive.
C'est l'autonomie dans la mise en œuvre d'une méthodologie qui est visée. La modélisation collective et répétée des différentes étapes contribuera à atteindre cet objectif.

La lecture collective (identification de tous les mots du texte) permet à l'enseignant de s'assurer que tous les élèves comprennent la situation et ce qu'il faut chercher. Pour cela, l'enseignant fait reformuler.

1B Méthodologie

Le texte étant très synthétique, il est probable que cette reformulation soit une redite de l'énoncé.

Les élèves n'ont pas conscience de l'importance de la mémorisation. C'est le rôle de l'enseignant de veiller à ce que ce geste devienne naturel, par la force de la répétition. Faire réciter la question à quelques élèves est donc encore utile.

L'enseignant veillera à nouveau à ce que les collections soient organisées par groupes de 10, et que les éléments enlevés (12 petites voitures) restent disponibles sur la table jusqu'à la fin de la manipulation.

Cette correction collective a aussi valeur de modélisation de la procédure de recherche de « ce qui reste ».

C'est le moment de faire remarquer qu'elle est identique à la procédure utilisée pour résoudre le problème 2 de la séance 1A, et que le résultat est identique lui aussi. Les élèves ne seront pas surpris *puisque, dans les deux problèmes, on avait 26 et on a perdu 12*.
Mêmes causes, mêmes effets... Cette stabilité doit être mise en évidence. On peut aller jusqu'à dire que « *la prochaine fois, il sera inutile de prendre les jetons ; on saura que la réponse est 14* ».

● Présenter les diapositives 11, 12 et 13.

Chaque élève écrit la réponse sur sa fiche.

● Présenter la diapositive 14.

Cette diapositive est reproduite en haut de la fiche élève...
Elle facilitera un éventuel dialogue entre élève et enseignant pendant le travail individuel.

Relecture collective des 4 étapes de la résolution d'un problème.

2. Application individuelle

Même procédure que pour la séance 1A.

	Réponse :
2 • Karima a 4 garages. Dans chaque garage, elle a mis 5 petites voitures. *Combien a-t-elle de petites voitures en tout ?*	
3 • Ali a 18 petites voitures. Il les partage avec Julie et Évan. *Combien chacun aura-t-il de petites voitures ?*	Réponse :
4 • Laura avait 9 petites voitures. Sa mamie lui en a donné 11. *Combien a-t-elle de petites voitures maintenant ?*	Réponse :
5 • Tom a une boîte de 20 petites voitures. Il compte 12 petites voitures rouges. Les autres sont bleues. *Combien y a-t-il de petites voitures bleues dans la boîte ?*	Réponse :
6 • Éva a 18 petites voitures. Elle va les ranger dans des boîtes. Elle va mettre 3 petites voitures dans chaque boîte. *Combien lui faut-il de boîtes ?*	Réponse :

Les problèmes de cette séance 1B reprennent les structures des problèmes de la séance 1A. On retrouve un problème de chaque catégorie :
– problème 2 : problème de multiplication ;
– problème 3 : problème de partage (division) ;
– problème 4 : problème d'augmentation, avec recherche du tout (état final) ;
– problème 5 : problème de recherche d'une partie d'un tout (soustraction) ;
– problème 6 : problème de groupement (division).

Leur résolution favorisera la construction « d'une culture » qui sera bien utile lorsqu'il faudra utiliser les opérations à bon escient.

Les étapes de la résolution d'un problème (3)
Rappel collectif puis application individuelle

Séance 1C
50 min

1. Modélisation de la résolution d'un problème

- Distribuer la fiche photocopiée : « Les récoltes »
(2 fiches différentes pour des élèves voisins).

Le dispositif est identique à celui des séances 1A et 1B.

Les récoltes

- Commencer la présentation du PowerPoint « Séance 1C ».
Faire lire la diapositive 1 silencieusement puis à voix haute.

- Présenter les diapositives 2 et 3. Les faire lire à voix haute par des élèves.

1C Méthodologie

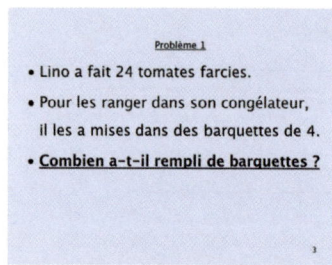

Problème 1
- Lino a fait 24 tomates farcies.
- Pour les ranger dans son congélateur, il les a mises dans des barquettes de 4.
- **Combien a-t-il rempli de barquettes ?**

diapositive 3

La situation est un groupement, avec recherche du nombre de groupes. C'est donc un problème de division aux caractéristiques différentes de celles d'un partage (*cf.* Guide pédagogique, p. 12).

- Faire de même pour les diapositives 4 et 5 (Mémoriser la question).

- Présenter la diapositive 6 (Utiliser les jetons pour chercher la réponse).
Les élèves doivent arriver à la conclusion suivante : **un jeton représente une tomate**.

- Chaque élève cherche la réponse à la question en constituant des collections avec les jetons.

Demander à chacun ce qu'il a trouvé et valider collectivement la réponse : *6 barquettes*.

La difficulté ne réside pas dans la compréhension de « ce qui se passe ». La lecture collective permettra de s'en assurer.

C'est une manipulation en deux étapes (prendre les tomates ; constituer les groupes de 4) qui suivent la chronologie du texte. De ce point de vue, elle est aisée. Mais les problèmes de groupement constituent un cas particulier... En effet, le matériel ne représente pas l'unité sur laquelle porte la question. Ici, on manipule des tomates alors que la question porte sur le nombre de barquettes.

Il n'est pas pertinent d'utiliser des jetons pour représenter les barquettes ; on peut éventuellement faire entourer avec le doigt chaque groupe de tomates pour visualiser les barquettes.

Il est important de faire redire la question avant de demander la réponse. Cela permet à l'élève de prendre la distance nécessaire par rapport à la manipulation.

> La manipulation peut apparaître contraignante et inutile aux élèves qui se sont montrés très performants lors des deux premières séances.
>
> Les enseignants qui souhaitent autoriser ces élèves à utiliser le calcul dès la séance 1C doivent veiller à ce qu'il le soit à bon escient, et non pour s'épargner une manipulation.
> Ils doivent aussi éviter de disperser leur attention et rester concentrés sur les objectifs de la séquence : faire acquérir une méthodologie – construire le sens des situations. L'apprentissage de l'utilisation des opérations est programmé... Un peu plus tard.
>
> Faire dessiner ou schématiser les élèves serait aussi envisageable. Mais cette stratégie imposerait un apprentissage supplémentaire qui de plus ne serait pas efficace pour les élèves les plus fragiles (*cf.* p. 15).

- Présenter les diapositives 7 à 13.

diapositive 7

diapositive 8

diapositive 9

diapositive 13

Cette correction collective a aussi valeur de modélisation de la procédure de groupement.

- Présenter les diapositives 14 à 16.
Les élèves écrivent la réponse sur leur fiche.

- Présenter la diapositive 17.
Faire relire les 4 étapes de la résolution d'un problème.

2. Application individuelle

Même procédure que pour la séance 1A.

2 • Louis a ramassé des citrouilles dans son jardin. Il a rempli 7 caisses de 5 citrouilles. ***Combien a-t-il ramassé de citrouilles en tout ?***	Réponse :
3 • Lucie a fait 24 pots de confiture de framboises. Elle les a partagés entre ses 4 copines. ***Combien chaque copine a-t-elle eu de pots de confiture de framboises ?***	Réponse :
4 • Louis a 32 figues dans son jardin. Mais 14 figues ont pourri, alors il a fallu les jeter. ***Combien reste-t-il de figues ?***	Réponse :

On retrouve un problème de chaque catégorie à étudier :
– problème 2 : problème de multiplication ;
– problème 3 : problème de partage (division) ;
– problème 4 : problème de diminution avec recherche de ce qui reste (état final).

5 • Lucie a récolté 17 pommes jaunes et 14 pommes rouges. **Combien a-t-elle récolté de pommes en tout ?**	Réponse :
6 • Lucas a fait 28 conserves de ratatouille. Il en a fait 13 aujourd'hui ; les autres, il les a faites hier. **Combien a-t-il fait de conserves de ratatouille hier ?**	Réponse :

– problème 5 : problème de réunion de collections avec recherche du tout (addition) ;
– problème 6 : problème de recherche d'une partie d'un tout (soustraction).

Les étapes de la résolution d'un problème (4)
Rappel collectif puis application individuelle

Séance 1D
50 min

1. Modélisation de la résolution d'un problème

● Distribuer la fiche photocopiée : « Les élèves »
(2 fiches différentes pour des élèves voisins).

Les élèves

● Commencer la présentation du PowerPoint « Séance 1D ».
Faire lire la diapositive 1 silencieusement puis à voix haute.

● Présenter les diapositives 2 et 3. Les faire lire à voix haute par des élèves.

1D Méthodologie

Problème 1

• Dans la classe de CM1, il y a 12 filles et des garçons. Au total, il y a 28 élèves dans la classe.
• **Combien y a-t-il de garçons au CM1 ?**

diapositive 3

Le texte dit explicitement quelles sont les deux parties (filles et garçons) qui forment le tout (28 élèves). Mais certains élèves font comme si les deux parties étaient disjointes du tout : ils forment des collections séparées. Il est important de mettre en évidence la répétition de « dans la classe » pour montrer que le texte parle deux fois des mêmes élèves (les 12 filles font partie de la classe de 28).

La situation est une composition de 2 parties. Le problème est une recherche d'une des deux parties. C'est donc un problème de soustraction.

● Faire de même pour les diapositives 4 et 5 (Mémoriser la question).

- Présenter la diapositive 6 (Chercher la réponse en utilisant les jetons).
Les élèves doivent arriver à la conclusion suivante : **un jeton représente un élève**.

- Chaque élève cherche la réponse à la question en constituant des collections avec les jetons.
Demander à chacun ce qu'il a trouvé et valider collectivement la réponse : *16 garçons*.

- Présenter les diapositives 7 à 10.

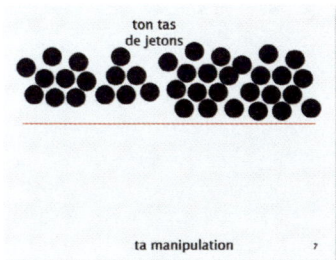

diapositive 7

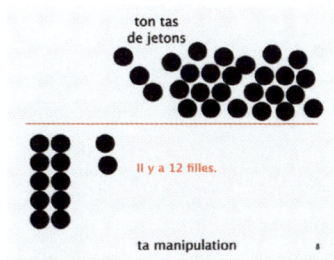

diapositive 8

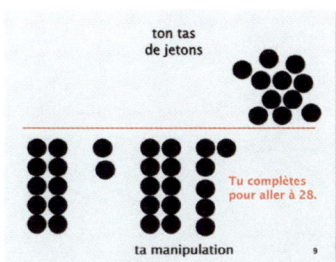

diapositive 9

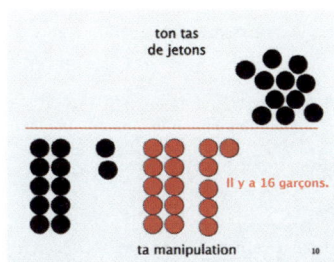

diapositive 10

- Présenter les diapositives 11 à 13 (Écrire la réponse).
Les élèves écrivent la réponse sur leur fiche.

- Présenter la diapositive 14. Faire relire les 4 étapes de la résolution d'un problème.

2. Application individuelle

Même procédure que pour la séance 1A.

2 • Dans la classe de CE2, il y a 2 rangées. Il y a 15 élèves dans la première et 14 dans la seconde. *Combien y a-t-il d'élèves dans la classe de CE2 ?*	Réponse :
3 • Dans la classe de CM2, il y a 21 élèves. La maîtresse leur demande de se mettre par groupes de 3. *Combien y aura-t-il de groupes de 3 ?*	Réponse :
4 • Dans la classe de CE2, il y a 28 élèves. La maîtresse veut faire 4 équipes. *Combien d'élèves doit-elle mettre dans chaque équipe ?*	Réponse :
5 • Dans la classe de CP, il y avait 23 élèves au début de l'année. Mais 7 élèves sont partis car ils ont déménagé. *Combien y a-t-il d'élèves au CP maintenant ?*	Réponse :
6 • Dans la classe de CE1, il y a 6 groupes de 4 élèves. *Combien y a-t-il d'élèves au CE1 ?*	Réponse :

La difficulté du problème a été décrite ci-dessus. Il est important que les collections soient organisées par groupes de 10 pour faciliter l'identification de la procédure utilisée.

Cette correction collective a aussi valeur de modélisation de la procédure de recherche d'une partie d'un tout.

On retrouve un problème de chaque catégorie à étudier.
L'ensemble de la séquence aura permis de faire résoudre plusieurs problèmes de chaque catégorie et de favoriser ainsi la connaissance de chacune d'elles.

Apprendre à reconnaître la catégorie d'un problème

Cette séquence fait avancer les élèves sur le chemin de l'utilisation des opérations. Pour cela, elle vise à identifier ce qu'on cherche, pour chacune des familles de problèmes étudiés, en prenant appui sur le travail mené au cours de la séquence 1 « Manipuler pour comprendre la situation problème ». Ainsi, lorsqu'une opération sera introduite dans les procédures, ce sont les conditions de son utilisation qui seront à étudier et non la compréhension des situations.

Cette première catégorisation permettra la présentation de la première version d'une fiche outil (fiche outil n°1) qui servira à la fois de mémoire des 6 catégories et d'outil de référence.

Objectifs de la séquence

Faire reconnaître la catégorie à laquelle appartient un problème parmi les 6 suivantes :
- la recherche de ce qui reste (soustraction) ;
- la recherche d'une partie d'un tout (soustraction) ;
- la recherche d'un tout lorsque les collections sont différentes (addition) ;
- la recherche d'un tout lorsque les collections sont identiques (multiplication) ;
- la recherche de la valeur d'une part à l'issue d'un partage (division) ;
- la recherche du nombre de parts à l'issue d'un groupement (division).

Plan de la séquence

Elle est constituée de 2 séances :
- séance 2A : Chercher la catégorie d'un problème ;
- séance 2B : Reconnaître la catégorie d'un problème.

Matériel

Affichages collectifs

- Séance 2A : tableau « Catégorisation » et fiche outil n°1.
- Ou posters 2 et 3 : fiche outil n°1 (séance 2B) et A4 à imprimer (CD-Rom, séances 2A et 2B) si la classe n'est pas équipée de matériel de vidéoprojection.

ou **posters 2 et 3**

Fiches individuelles à photocopier

Séries de 6 problèmes :
- Séance 2A : Les billes
- Séance 2B : Sorciers et sorcières

Matériel pour la manipulation

Pour chaque élève, 30 à 40 jetons (ou cubes ou bûchettes...) mis dans un pot.

Chercher la catégorie d'un problème
Recherche, puis mise en commun

Séance 2A
50 min

1. Présentation de la séance

● Faire rappeler par les élèves les 4 étapes de la résolution d'un problème.

● Expliquer la consigne aux élèves : « *Aujourd'hui, nous allons identifier les catégories, c'est-à-dire les familles de problèmes que vous rencontrerez tout au long du CE1 et que vous apprendrez à résoudre avec les opérations.*
Dans un premier temps, vous allez résoudre 6 problèmes, qui nous serviront ensuite à constituer les familles. »

2. Recherche

● Distribuer la fiche photocopiée « Les billes » ainsi que les jetons.

Les billes

● Lire collectivement le tableau.

catégories	numéros des problèmes
Je cherche combien ça fait en tout et c'est la même collection répétée plusieurs fois.	
Je cherche combien ça fait en tout et ce sont plusieurs collections différentes.	
Je cherche combien ça fait de groupes.	
Je cherche combien chacun aura.	
Je cherche combien fait une partie.	
Je cherche combien il reste.	

Une première lecture du tableau est effectuée avant la résolution des problèmes. Elle attire l'attention des élèves sur l'objectif de la séance.

Les catégories sont formulées à partir de ce qu'on cherche.
Cette forme de catégorisation est une étape de l'apprentissage, nécessaire tant que les élèves n'ont pas conceptualisé les opérations.

Les élèves les moins performants sont aidés soit par pair, soit par l'enseignant. Il est important que les 6 problèmes soient résolus par tous les élèves.

● Lire la consigne : « *Résous le problème 1, puis trouve à quelle catégorie il appartient. Ensuite, fais le même travail pour les autres problèmes.* »

Puis expliquer la tâche. Par exemple : « *Chacun de vous a une fiche et du matériel pour manipuler. Aujourd'hui vous avez tous les mêmes problèmes à résoudre. Vous pouvez vous parler et échanger sur vos propositions.* »

1 • Alexandre avait 25 billes. À la récréation, il en a perdu 12. *Combien lui reste-t-il de billes après la récréation ?*	Réponse :
2 • Aline a gagné 4 sacs de 6 billes. *Combien a-t-elle gagné de billes en tout ?*	Réponse :
3 • Arthur a 21 billes. Il les partage avec Paul et Léa. *Combien chacun aura-t-il de billes ?*	Réponse :
4 • Hier, Emna a gagné 13 billes à la récréation du matin et 12 à celle de l'après-midi. *Combien a-t-elle gagné de billes dans la journée ?*	Réponse :
5 • Paul a 20 billes. Pour les offrir à ses amis, il a rempli plusieurs sacs de 5 billes. *Combien a-t-il fait de sacs ?*	Réponse :
6 • Lucas a un sac de 28 billes. Dans le sac, il y a 17 billes rouges et les autres sont bleues. *Combien y a-t-il de billes bleues dans le sac ?*	Réponse :

● Résolution des problèmes.

3. Correction et catégorisation des problèmes

● Afficher le support collectif :

– tableau à projeter (séance 2A) ou A4 à imprimer.

Corriger collectivement chaque problème et identifier à quelle catégorie il appartient. Inscrire le numéro de la catégorie dans le tableau.

catégories	numéros des problèmes
Je cherche combien ça fait en tout et c'est la même collection répétée plusieurs fois.	2
Je cherche combien ça fait en tout et ce sont plusieurs collections différentes.	4
Je cherche combien ça fait de groupes.	5
Je cherche combien chacun aura.	3
Je cherche combien fait une partie.	2
Je cherche combien il reste.	1

L'enseignant peut dessiner les procédures au tableau. On les retrouvera sur la fiche outil n°1 qui sera présentée en fin de séance.

4. Présentation de la fiche outil n°1

- Afficher le support collectif : fiche outil n°1 (poster ou vidéoprojection).
- Lecture collective de cette fiche outil.

Outil pour apprendre à choisir la bonne opération - CE1/n°1

Je cherche **combien il reste.**	Je cherche **combien ça fait en tout. Les collections sont différentes.**	Je cherche **combien ça fait en tout. Un nombre est répété plusieurs fois.**	Je cherche **combien ça fait pour chacun. C'est un partage.**
Alexandre avait 25 billes. À la récréation, il en a perdu 12.	Hier, Emma a gagné 13 billes à la récréation du matin et 12 à celle de l'après-midi.	Aline a gagné 4 sacs de 6 billes.	Arthur a 21 billes. Il les partage avec Paul et Léa.
Combien lui reste-t-il de billes après la récréation ?	*Combien a-t-elle gagné de billes dans la journée ?*	*Combien a-t-elle gagné de billes en tout ?*	*Combien chacun aura-t-il de billes ?*
ou 25 – 12 réponse : *13 billes*	ou 13 + 12 réponse : *25 billes*	6 6 6 6 réponse : *24 billes*	7 7 7 réponse : *7 billes chacun*

Je cherche **une partie d'une collection.**		Je cherche **combien ça fait de groupes. C'est un groupement.**
Lucas a un sac de 28 billes. Dans le sac, il y a 17 billes rouges et les autres sont bleues.		Paul a 20 billes. Pour les offrir à ses amis, il a rempli plusieurs sacs de 5 billes.
Combien y a-t-il de billes bleues dans le sac ?		*Combien a-t-il fait de sacs ?*
17 billes rouges les billes bleues réponse : *11 billes bleues*		5 5 5 5 réponse : *4 sacs*

| Ce sont des problèmes de **SOUSTRACTION** | C'est un problème d'**ADDITION** | C'est un problème de **MULTIPLICATION** | Ce sont des problèmes de **DIVISION** |

Cette fiche outil est prévue pour une utilisation collective. Elle permettra :
– de visualiser les évolutions des connaissances et d'en faire la synthèse ;
– d'effectuer des rappels réguliers pour réactiver les connaissances.

Fiche outil n°1 ou poster 3

Reconnaître la catégorie d'un problème
Rappel collectif, puis travail individuel

Séance 2B
50 min

1. Rappel

- Afficher le support collectif : fiche outil n°1.
- Relecture collective de cette fiche outil n°1.

Fiche outil n°1 ou poster 3

Si la présentation de la fiche en fin de séance 2A a été faite par l'enseignant, le rappel peut être accompagné par les élèves, à partir de questions du type :
- Quel problème correspond à la recherche de ce qui reste ?
- Quelles sont les 6 catégories de problèmes que nous connaissons ?

2. Entraînement à la reconnaissance des catégories de problèmes

• Distribuer la fiche photocopiée « Sorciers et sorcières » de sorte que deux voisins aient une version différente. Distribuer aussi les jetons.

La série de problèmes est prévue en deux versions ; les structures des problèmes restent identiques, seules les données numériques changent.

Sorciers et sorcières

• Faire résoudre les problèmes 1 à 6.

1 • La sorcière Baraka a des souris. Elle a 28 souris qui vivent dans des cages. Il y a 4 souris dans chaque cage. *Combien y a-t-il de cages ?*	Réponse :
2 • Le sorcier Boroko a 26 araignées dans sa cave. 14 de ces araignées sont de la famille des tarentules et les autres araignées sont de la famille des mygales. *Combien Boroko a-t-il de mygales ?*	Réponse :
3 • La sorcière Frisapla invite 2 amies pour son anniversaire. Les trois sorcières se partagent 24 plumes de corbeau pour essayer des recettes. *Combien chacune aura-t-elle de plumes de corbeau ?*	Réponse :
4 • La sorcière Pestifère a préparé du parfum pour le vendre. Elle a rempli 6 boîtes de 5 flacons. *Combien de flacons peut-elle vendre ?*	Réponse :
5 • Pour préparer sa potion magique, la sorcière Ratatouille utilise 22 asticots, 14 araignées et 11 crottes de biques. *Combien a-t-elle utilisé d'animaux pour préparer sa potion ?*	Réponse :
6 • La sorcière Crapaudine avait un élevage de 28 crapauds. Ce matin, 12 crapauds se sont échappés. *Combien lui reste-t-il de crapauds dans son élevage ?*	Réponse :

• Corriger individuellement les élèves.

L'enseignant apporte une aide méthodologique aux élèves :
– pour lire (cette série comporte plus de mots difficiles à identifier) ;
– pour résoudre (questionnement).

Une correction collective peut être organisée mais elle n'est pas indispensable...

Apprendre à utiliser la soustraction

– Le choix entre addition et soustraction s'appuie sur la construction et la consolidation du sens des situations effectuées en période 1. Il s'agit pour les élèves de passer de la simulation du réel (manipulation ou production d'un dessin) à l'abstraction (écriture d'un calcul).
À partir de cette séquence, les élèves ne manipuleront plus pour les problèmes des catégories traitées ici.

– Les données numériques des problèmes de cette séquence permettent de trouver les résultats en utilisant la file numérique et ne justifient pas le recours à une technique posée.

– L'apprentissage de la rédaction du travail dans le cahier est programmé en parallèle.
Il s'effectue en deux temps : le premier cible la présentation, le second la rédaction d'une phrase réponse.

Objectifs de la séquence

Utiliser la soustraction pour résoudre les problèmes de recherche de ce qui reste dans les problèmes de diminution.

Utiliser l'addition pour résoudre les problèmes de recherche du tout lors de la réunion de collections.

Présenter la solution d'un problème dans le cahier, avec les 3 éléments suivants :

1. le numéro du problème,
2. le calcul,
3. la réponse.

Plan de la séquence

Elle est constituée de 3 séances :
– séance 3A : La recherche d'un reste ;
– séance 3B : La recherche d'une partie ;
– séance 3C : Le choix entre l'addition et la soustraction : synthèse.

Matériel

Affichages collectifs

– Séances 3A, 3B, 3C : présentation PowerPoint ou posters 3 à 8.
ou **posters** 4 à 9
– Séances 3A, 3B : un exemple de résolution d'un problème d'addition et d'un problème de soustraction est présenté au début des séances. Il permet de modéliser le choix de l'opération et la présentation du travail sur le cahier.

Fiches individuelles à photocopier

Séries de 6 problèmes, suivies de problèmes supplémentaires :
– Séance 3A : Sortie en forêt
– Séance 3B : Au gymnase
– Séances 3C : Problèmes au chocolat

La recherche d'un reste

Modélisation du choix de l'opération, puis de la résolution
d'un problème (choix de l'opération et présentation de la solution),
enfin application individuelle

Séance 3A

50 min

1. Présentation de la séance

- Faire rappeler par les élèves les 6 catégories de problèmes connues.

- Annoncer aux élèves qu'ils vont apprendre comment résoudre un problème
par le calcul. Leur expliquer que cette séance sera consacrée aux problèmes
dans lesquels on cherche **combien ça fait en tout** ou **combien il reste**.

- Commencer la présentation du PowerPoint (séance 3A).

- Faire lire la diapositive 1 silencieusement puis à voix haute. Elle rappelle
l'objectif de la séance : **Choisir** entre l'**addition** et la **soustraction**.

> Permettre aux élèves de se référer à la fiche outil n°1 si nécessaire, pour rappel.

> Pour bien utiliser la soustraction, il faut savoir repérer les conditions de son utilisation. Celles-ci seront mieux mises en évidence lors de la comparaison avec les problèmes d'addition.

2. Modélisation du choix de l'opération

- Passer à la diapositive 2. Faire lire l'énoncé du problème, puis faire redire
la question de mémoire par un élève.
Emna avait 13 billes. Elle en a gagné 12 pendant la récréation.
Combien a-t-elle de billes maintenant ?

> On mettra en évidence la situation d'augmentation (verbe *gagner*).
> On fera également dire qu'à la fin, Emna a plus de billes qu'avant la récréation.

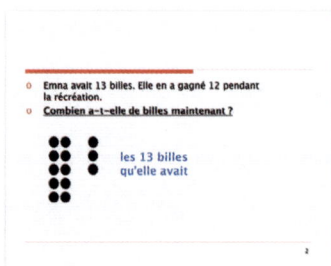

> 3A Problème de soustraction – recherche d'un reste

- Présenter les diapositives 3 à 6.

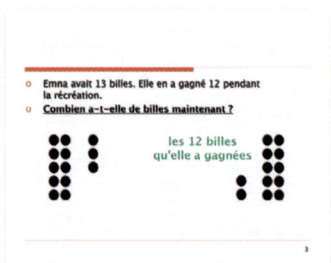

diapositive 3

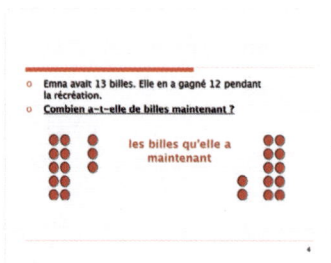

diapositive 4

> Dans cette situation d'augmentation, on cherche l'état final, c'est-à-dire *combien ça fait en tout*.
> C'est donc un problème d'addition.

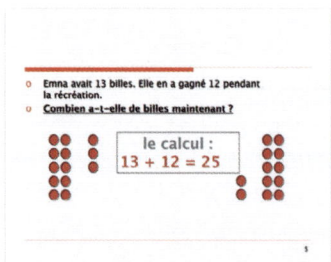

diapositive 5

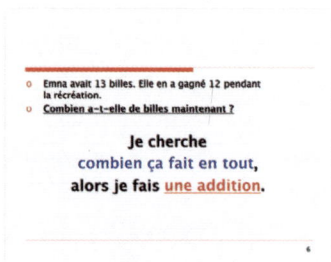

diapositive 6

> Le texte nous dit que le nombre de billes d'Emna est plus grand après la récréation.
> Il faut donc utiliser une opération « permettant de trouver un nombre plus grand », c'est-à-dire l'**addition**.
>
> La diapositive 6 permet de passer de l'exemple à la généralisation.

● Présenter la diapositive 7.

Sur le cahier, j'écris :

o **Problème** ...

o **13 + 12 = 25**

o **25 billes**

La présentation dans le cahier se compose :
– de la référence du problème (problème +
numéro) ;
– de l'opération écrite en ligne, avec son
résultat ;
– de la réponse composée du nombre et de
son unité.

Au cours de cette séance, les élèves apprennent *à utiliser les opérations* et *à présenter
leur travail dans le cahier*. Pour la rédaction
d'une phrase réponse qui nécessite un apprentissage spécifique, on attendra la séance 3C
de cette même séquence (*cf.* p 62).

Une diapositive du même type sera projetée un peu plus tard pour le problème de soustraction.

● Passer à la diapositive 8.
Alexandre avait 25 billes. À la récréation, il en a perdu 12.
Combien lui reste-t-il de billes après la récréation ?

● Faire lire l'énoncé du problème, puis faire redire la question de mémoire par un élève.

On mettra en évidence la situation de diminution (verbe *perdre*).
On fera également dire qu'à la fin, Alexandre
a moins de billes qu'avant la récréation.

● Présenter les diapositives 9 à 13.

diapositive 9

diapositive 11

Dans cette situation de diminution, on cherche
l'état final, c'est-à-dire combien il reste.
C'est donc un problème de soustraction.

diapositive 12

diapositive 13

Le texte nous dit que le nombre de billes
d'Alexandre est plus petit après la récréation. Il faut donc utiliser une opération
« permettant de trouver un nombre plus
petit », c'est-à-dire **la soustraction**.

La diapositive 14 permet de passer de l'exemple à la généralisation.

Faire décrire chaque étape de la manipulation par les élèves.

● Présenter la diapositive 14.

Sur le cahier, j'écris :

o **Problème** ...

o **25 – 12 = 13**

o **13 billes**

Cette diapositive permet de **montrer** aux
élèves les attentes de présentation.
La résolution collective du problème 1 de
la série « Sortie en forêt » servira d'exemple
dans le cahier.

3. Modélisation de la résolution d'un problème

● Distribuer la fiche photocopiée « Sortie en forêt » (2 fiches différentes pour des élèves voisins).

Sortie en forêt

● Lire collectivement les deux cadres situés en haut de la fiche. Ils constituent un rappel de la présentation PowerPoint.

Un problème de soustraction	La présentation de la réponse
Alexandre avait 25 billes. À la récréation, il en a perdu 12. *Combien lui reste-t-il de billes après la récréation ?* Je cherche combien il reste. J'utilise la **soustraction** : 25 – 12 = 13	Réponse : Problème 1 — 25 – 12 = 13 — 13 billes

Le rappel concerne le problème de soustraction du PowerPoint et la présentation de sa solution dans le cahier.

● Annoncer la consigne aux élèves : « *Nous allons résoudre ensemble le problème 1 pour nous entraîner à choisir entre l'addition et la soustraction, mais aussi savoir bien présenter dans le cahier.* »

● Faire lire le problème 1.
Les 30 élèves de la classe de Julie font une sortie en forêt. À l'arrivée en forêt, la maîtresse compte les élèves qui descendent du car. 8 élèves sont déjà sortis. *Combien d'élèves reste-t-il dans le car ?*

Ce problème exemple est un problème de soustraction. On fera identifier les informations du texte qui permettent de l'affirmer.

● Chaque élève doit écrire le calcul à effectuer (30 – 8) pour répondre à la question. Le valider collectivement.
On peut écrire soit l'opération, soit le calcul à effectuer.
Calculer, puis écrire la solution : *4 élèves*.

La présentation sera modélisée au tableau.

Même s'il s'agit d'un exemple, il est important que chaque élève s'essaie à la recherche du bon calcul.

Pour effectuer le calcul, on pourra faire utiliser la file numérique.

4. Application individuelle

- Résolution individuelle des problèmes 2 à 6.

2 • Dans la forêt, Julie a ramassé 25 champignons qu'elle a mis dans son panier. Mais ensuite, elle a jeté 7 champignons. *Combien lui reste-t-il de champignons ?*	Réponse :
3 • Louis a ramassé 12 pommes rouges et Lilou lui en a donné 15. *Combien Louis a-t-il de pommes en tout ?*	Réponse :
4 • Karima a ramassé 24 châtaignes. Mais elle en a donné 16 à ses copines. *Combien lui reste-t-il de châtaignes ?*	Réponse :
5 • Léa avait emporté 21 petits cailloux. Pendant la promenade, elle en a semé 15. *Combien de petits cailloux lui reste-t-il ?*	Réponse :
6 • La maîtresse a trouvé 15 noix. Éva lui en a donné 8. *Combien la maîtresse a-t-elle de noix maintenant ?*	Réponse :

- Les élèves les plus rapides pourront résoudre les problèmes 7 à 10 (problèmes supplémentaires).

La recherche d'une partie   Séance 3B

Modélisation du choix de l'opération, puis de la résolution d'un problème (choix de l'opération et présentation de la solution), enfin application individuelle   **50 min**

1. Présentation de la séance

- Faire rappeler par les élèves le contenu de la séance précédente : Choisir entre l'addition et la soustraction.

- Annoncer aux élèves qu'ils vont apprendre comment résoudre par le calcul d'autres catégories de problèmes d'addition et de soustraction. Préciser que cette séance sera consacrée aux problèmes dans lesquels on cherche **combien ça fait en tout ou combien il y a dans une partie** d'une collection.
- Commencer la présentation du PowerPoint (séance 3B).
- Faire lire la diapositive 1 silencieusement puis à voix haute. Elle rappelle l'objectif de la séance Choisir entre l'addition et la soustraction.

2. Modélisation du choix de l'opération

- Passer à la diapositive 2. Faire lire l'énoncé du problème, puis faire redire la question de mémoire par un élève.
Lucas a un sac de 28 billes. Dans le sac, il y a 17 billes rouges et les autres sont bleues.
Combien y a-t-il de billes bleues dans le sac ?

Les 5 problèmes mettent les élèves en situation de choisir entre l'addition et la soustraction. Il faut le rappeler avant de laisser les élèves se lancer dans le travail individuel.

S'appuyer si nécessaire sur la fiche de problèmes de la séance précédente.

Pour bien utiliser la soustraction, il faut savoir repérer les conditions de son utilisation. Celles-ci seront mieux mises en évidence lors de la comparaison avec les problèmes d'addition.

C'est une situation de composition de deux parties. Dans le problème, il faut chercher **une des deux parties.**

Lucas a un sac de 28 billes. Dans le sac,
il y a 17 billes rouges et les autres sont bleues.
Combien y-a-t-il de billes bleues dans le sac ?

les 28 billes
qui sont
dans le sac

- Présenter les diapositives 3 à 7.

3B Problème de soustraction –
recherche d'un reste

Le groupe nominal *Dans le sac* doit être
étudié. Il précise que les billes rouges et les
billes bleues composent la collection de 28...
Il n'y a pas d'autres billes.

Le nombre de billes bleues est donc plus
petit que 28.

diapositive 3

diapositive 4

diapositive 5

diapositive 6

La présentation permet aux élèves de visualiser le retrait d'une des deux parties (17 billes
rouges) pour trouver le cardinal de la seconde
(le nombre de billes bleues).
L'écriture de la soustraction pour cette
catégorie de problèmes devient alors
naturelle.
L'écriture de l'addition à trou $(17 + ... = 28)$
est tout à fait justifiée et sera donc acceptée,
mais nous ne l'encourageons pas pour deux
raisons :
– son utilisation devient très difficile lorsque
les nombres sont grands ;
– souvent, les élèves qui prennent l'habitude
de l'écrire éprouvent ensuite des difficultés
à s'en défaire.

diapositive 7

Faire décrire chaque étape de la manipulation par les élèves.

- Présenter la diapositive 8.

Cette diapositive constitue un rappel des
attentes de présentation.

Sur le cahier, j'écris :

o **Problème** ...

o **28 – 17 = 11**

o **11 billes**

- Passer à la diapositive 9.

Hier, Emna a gagné 13 billes à la récréation du matin et 12 à celle de l'après midi. *Combien a-t-elle gagné de billes dans la journée ?*

- Faire lire l'énoncé du problème, puis faire redire la question de mémoire par un élève.

On mettra en évidence la situation de composition de deux parties, mais cette fois **on cherche combien ça fait en tout**.

Cette catégorie est probablement celle que les élèves ont déjà le plus rencontrée et qu'ils maîtrisent le mieux.

- Présenter les diapositives 10 à 13.

La réunion de deux parties conduit à la constitution d'une collection qui a nécessairement plus d'éléments que chacune des deux parties.

diapositive 10

diapositive 11

La diapositive 13 vise à passer de l'exemple à la généralisation.

diapositive 12

diapositive 13

Faire décrire la manipulation par les élèves.

- Présenter la diapositive 14 qui modélise une nouvelle fois la présentation de la solution.

3. Modélisation de la résolution d'un problème

● Distribuer la fiche photocopiée « Au gymnase ».

Le problème 1 est commun aux versions A et B de la fiche photocopiée.

🖴 **Au gymnase**

● Lire collectivement les deux cadres situés en haut de la fiche. Ils constituent un rappel de la présentation PowerPoint.

● Annoncer la consigne : « *Nous allons résoudre ensemble le problème 1 pour nous entraîner à choisir entre l'addition et la soustraction, mais aussi pour faire un exemple de présentation dans le cahier.* »

● Lecture du problème 1.
26 élèves sont inscrits dans la classe de Julie et Lucie. Ce matin, 5 élèves sont absents et les autres sont présents.
Combien d'élèves sont présents ce matin ?

● Chaque élève doit trouver le calcul à effectuer (26 – 5), sans recherche du résultat. Valider collectivement.

● Calculer, puis écrire la solution : 21 élèves.

4. Application individuelle

● Résolution individuelle des problèmes 2 à 6.

2 ● Pour aller au gymnase, Lucie et Julie portent les cordes à sauter. Lucie en porte 17 et Julie en porte 12. *Combien de cordes portent-elles à deux ?*	Réponse :
3 ● Au gymnase, il y a 22 tapis en tout. 16 tapis sont par terre et les autres sont sur le chariot. *Combien y a-t-il de tapis sur le chariot ?*	Réponse :
4 ● Sur les 21 élèves, 14 font des roulades sur les tapis. Les autres élèves jouent au ballon. *Combien d'élèves jouent au ballon ?*	Réponse :

Le rappel concerne le problème de soustraction du PowerPoint et la présentation de sa solution dans le cahier.

Ce problème exemple est un problème de soustraction. La donnée *5 élèves absents* est choisie pour favoriser l'écriture de la soustraction plutôt que celle d'une addition à trou. Il est en effet plus aisé de faire 26 – 5 que 5 + ... = 26.

Même s'il s'agit d'un exemple, il est important que chaque élève s'essaie à la recherche du bon calcul.

Pour effectuer le calcul, on pourra faire utiliser la file numérique.

Les 5 problèmes mettent les élèves en situation de choisir entre l'addition et la soustraction. Il faut le rappeler avant de laisser les élèves se lancer dans le travail individuel.

<table>
<tr><td>5 • Dans la caisse de matériel, la maîtresse a pris 21 cerceaux et elle en a laissé 8.
Combien y avait-il de cerceaux dans la caisse ?</td><td>Réponse : ....
....
....</td></tr>
</table>

<table>
<tr><td>6 • La maîtresse avait apporté 18 ballons. Au retour du gymnase, elle porte 8 ballons et Louis porte les autres.
Combien Louis porte-t-il de ballons au retour du gymnase ?</td><td>Réponse : ....
....
....</td></tr>
</table>

• Les élèves les plus rapides pourront résoudre les problèmes 7 à 10 (problèmes supplémentaires).

Le choix entre l'addition et la soustraction : synthèse

Séance 3C

Rappel collectif des critères de choix, modélisation collective de la rédaction d'une phrase réponse, puis application individuelle   **50 min**

1. Présentation de la séance

• Faire rappeler par les élèves qu'ils ont appris à **choisir entre l'addition et la soustraction** lors des deux séances précédentes.

• Leur annoncer que cette séance va permettre de s'entraîner à la résolution des problèmes d'addition et de soustraction par le calcul et d'apprendre à rédiger une phrase réponse.

2. Rappel des critères de choix de l'opération

• Présenter la diapositive 2.

◀ ····· ● **3C Synthèse addition et soustraction**

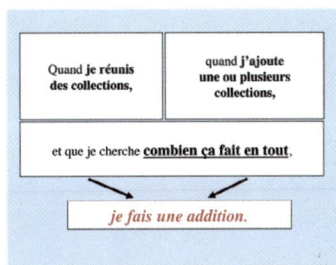

```
┌──────────────────┬──────────────────┐
│ Quand je réunis  │ quand j'ajoute   │
│ des collections, │ une ou plusieurs │
│                  │ collections,     │
├──────────────────┴──────────────────┤
│ et que je cherche combien ça fait en tout, │
└──────────────────────────────────────┘
              ↓            ↓
         ┌──────────────────────┐
         │ je fais une addition.│
         └──────────────────────┘
```

Le rappel est présenté sous la forme d'un texte court, afin d'en favoriser la mémorisation.

La distinction entre réunion et augmentation est faite, mais il est inutile de focaliser l'attention dessus. **On met l'accent sur le lien « combien ça fait en tout » et « je fais une addition ».**

• Donner un exemple de problème, puis en faire trouver d'autres par les élèves.

• Présenter la diapositive 3.

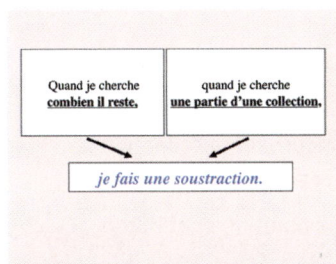

```
┌──────────────────┬──────────────────┐
│ Quand je cherche │ quand je cherche │
│ combien il reste,│ une partie d'une collection,│
└──────────────────┴──────────────────┘
              ↓            ↓
         ┌──────────────────────────┐
         │ je fais une soustraction.│
         └──────────────────────────┘
```

À l'inverse des problèmes d'addition, les deux catégories de problèmes de soustraction ont des caractéristiques très différentes.
Il faut donc attirer l'attention des élèves sur le fait que la même opération est utilisée pour les deux familles, et ce malgré leurs différences.
L'exemple de l'enseignant donne un modèle ; les élèves s'appuient dessus pour proposer d'autres exemples et consolider ainsi leur connaissance de la catégorie.
C'est particulièrement important pour la recherche d'une partie.

• Donner un exemple de problème pour chacune des deux catégories, puis en faire trouver d'autres par les élèves.

3. Modélisation de la rédaction d'une phrase réponse

- Présenter les diapositives 5 et 6.

<table>
<tr>
<td>

Problème 1
- *Hier, Emna a gagné 13 billes à la récréation du matin et 12 à celle de l'après-midi.*
- **Combien a-t-elle gagné de billes dans la journée ?**

- *Sur le cahier, j'écris :*
- **Problème 1 :**
- **13 + 12 = 25**
- **Elle a gagné 25 billes dans la journée.**

</td>
<td>

Problème 1
- *Hier, Emna a gagné 13 billes à la récréation du matin et 12 à celle de l'après-midi.*
- **Combien a-t-elle gagné de billes dans la journée ?**

- *Sur le cahier, j'écris :*
- **Problème 1 :**
- **13 + 12 = 25**
- Elle a gagné 25 billes dans la journée.

</td>
</tr>
</table>

> Le problème choisi pour cette modélisation est connu des élèves.
> Cela permet de focaliser leur attention sur la rédaction de la phrase réponse.
>
> Il est important de mobiliser l'attention des élèves sur la rédaction de la réponse, afin qu'ils en comprennent l'importance. La qualité d'un travail est certes déterminée par son contenu, mais aussi par la forme de sa communication.

- Insister sur :
- la reprise des mots de la question (« pour éviter de faire des fautes ») ;
- la procédure de copie (« photographier le mot pour pouvoir le reproduire ») ;
- les signes qui permettent de repérer la phrase (majuscule et point).

- Présenter la diapositive 7.

> **Pour rédiger la phrase réponse.**
>
> 1. Je relis la question.
>
> 2. Je reprends les mots de la question pour faire la phrase.
>
> 3. J'écris la phrase :
>   - en la commençant par une majuscule,
>   - en recopiant sans faute les mots,
>   - en terminant par un point.

> Cette diapositive fixe les règles de rédaction. Elle généralise ce qui a été observé précédemment sur un exemple.

4. Application individuelle

- Distribuer la fiche photocopiée « Problèmes au chocolat ».

Problèmes au chocolat

- Montrer les deux cadres rappelant ce qui a été projeté concernant la rédaction de la phrase réponse. Faire relire le cadre de droite qui en rappelle les règles.

- Faire lire la consigne et rappeler dans quelles conditions on utilise l'addition et la soustraction.

● Résolution individuelle des problèmes 1 à 6.

L'enseignant étaie l'activité des élèves qui en ont besoin.
Il peut utiliser la fiche outil n°1 pour faire repérer la catégorie d'un problème.

1 • Mamie a acheté un sachet de petits poissons en chocolat. Elle en donne 12 à Candice et 14 à Quentin.
Combien Mamie a-t-elle donné de poissons en chocolat en tout ?

Réponse : ....

2 • Léo avait acheté une tablette de 24 carreaux de chocolat. Mais en chemin, il a mangé 11 carreaux.
Combien reste-t-il de carreaux de chocolat dans sa tablette ?

Réponse : ....

3 • Papy a acheté un sachet de 50 œufs en chocolat pour ses deux petits-enfants. Il en donne 14 à Nina et 13 à Alice.
Combien Papy a-t-il donné d'œufs en chocolat ?

Réponse : ....

4 • Dans sa boîte de chocolats, Mona a 24 chocolats. Elle compte 12 chocolats noirs et les autres sont blancs.
Combien y a-t-il de chocolats blancs ?

Réponse : ....

5 • Julie a préparé 22 gâteaux aux pépites de chocolat pour apporter à l'école. Elle en garde 10 pour son petit déjeuner et elle met les autres dans un sac.
Combien met-elle de gâteaux aux pépites de chocolat dans le sac ?

Réponse : ....

6 • Karima a acheté un sachet de 24 poissons en chocolat. Elle donne 11 poissons aux copains de sa classe.
Combien lui reste-t-il de poissons en chocolat ?

Réponse : ....

● Les élèves les plus rapides pourront résoudre les problèmes 7 à 10 (problèmes supplémentaires).

Séquence 4

Apprendre une procédure numérique pour résoudre les problèmes de multiplication

– Les problèmes de multiplication appartiennent à la famille des problèmes d'addition. Ici, on réservera la formule *problèmes d'addition* aux problèmes dont la procédure experte est l'addition.

– Pour apprendre la multiplication, il est utile de passer par une phase d'écriture de l'addition réitérée pour favoriser la compréhension des conditions de son utilisation. Cette séquence s'inscrit donc dans cet apprentissage.

Objectifs de la séquence

Mettre en œuvre une procédure numérique (addition réitérée) pour résoudre un problème de multiplication.

Plan de la séquence

La séquence est constituée d'une séance au cours de laquelle les caractéristiques des problèmes de multiplication sont repérées par comparaison avec les problèmes d'addition.

Matériel

Affichages collectifs

Présentation PowerPoint permettant de visualiser la résolution d'un problème d'addition puis d'un problème de multiplication (séance 4A) ou poster 10.

ou **poster 10**

Fiches individuelles à photocopier

Séries de 6 problèmes, suivies de problèmes supplémentaires :
Séance 4A : Les chats de Lucas

Les problèmes de multiplication : l'addition réitérée

Séance 4A

Présentation collective de la résolution d'un problème d'addition et d'un problème de multiplication, puis application individuelle   **50 min**

1. Présentation de la séance

● Annoncer aux élèves qu'ils vont apprendre à résoudre de nouveaux problèmes **avec l'addition**. Leur expliquer que cette séance sera consacrée aux problèmes dans lesquels on cherche **combien ça fait en tout**.

● Commencer la présentation du PowerPoint (séance 4A).

● Faire lire la diapositive 1 silencieusement puis à voix haute. Elle rappelle l'objectif de la séance : **Résoudre des problèmes avec l'addition**.

2. Présentation de la résolution d'un problème d'addition et d'un problème de multiplication

● Passer à la diapositive 2. Faire lire l'énoncé du problème.
Aline a gagné un sac de 6 billes et un autre sac de 4 billes. *Combien a-t-elle de billes ?*

● Poursuivre avec la diapositive 3.

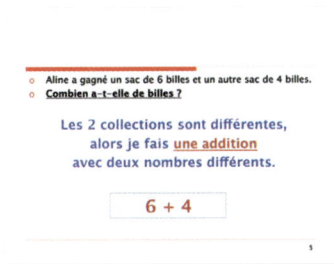

● Passer à la diapositive 4 puis à la 5.

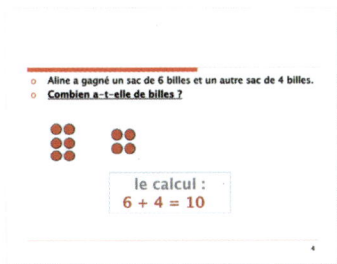

diapositive 4   *diapositive 5*

● Faire remarquer l'utilisation des deux données numériques 4 et 6.

● Présenter la diapositive 6. Mettre en évidence la phrase réponse.

● Présenter la diapositive 7. Faire lire l'énoncé du problème.
Aline a gagné 4 sacs de 6 billes.
Combien a-t-elle gagné de billes en tout ?

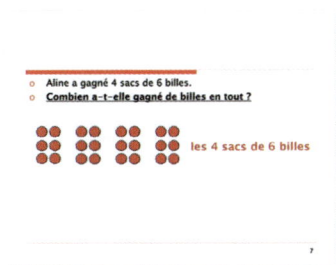

diapositive 7

S'appuyer sur la trace collective mise en place à l'issue de la séance de catégorisation (séance 2A).

Pour maîtriser l'addition, il faut en explorer les différentes utilisations possibles. Cette séance en confronte deux :
– la recherche du tout lors de la réunion de collections différentes ;
– la recherche du tout lors de la réunion de collections équipotentes.

4A Addition réitérée

La rédaction d'une phrase réponse est maintenant exigée. La diapositive 6 sert à le rappeler.

La résolution par manipulation a permis de familiariser les élèves avec une caractéristique des problèmes de multiplication. Il ne suffit pas de constituer deux collections correspondant aux deux nombres écrits *(ex : 4 paquets de 6 billes, ça n'est pas une collection de 4 et une collection de 6).*

On veut savoir combien ça fait de billes en tout. Les jetons représentent les billes, pas les paquets.

- Poursuivre avec les diapositives 8 et 9.

- Aline a gagné 4 sacs de 6 billes.
- Combien a-t-elle gagné de billes en tout ?

le calcul :
6 + 6 + 6 + 6 = 24

diapositive 8

- Aline a gagné 4 sacs de 6 billes.
- Combien a-t-elle gagné de billes en tout ?

Les 4 collections sont identiques,
alors je fais **une addition**
où le même nombre est répété 4 fois.

6 + 6 + 6 + 6

diapositive 9

> Dans l'écriture de l'opération, les deux nombres ont un statut différent : *l'un est le cardinal des collections (ici, 6) quand l'autre est le facteur de répétition (ici, 4).*
> Seul le cardinal apparaît explicitement dans le calcul.
>
> La diapositive 9 généralise partiellement la règle d'écriture de l'addition réitérée ; il y est fait référence au nombre 4 de l'exemple.

- Passer à la diapositive 10.

- Faire lire la solution du problème en rappelant les 3 éléments qui la composent (référence du problème ; calcul ; phrase réponse).

- Passer à la diapositive 11.

Sur le cahier, j'écris :

- **Problème** ...

- 6 + 6 + 6 + 6 = 24

- Elle a gagné 24 billes.

diapositive 10

Pour rédiger la phrase réponse,
1. Je relis la question.
2. Je reprends les mots de la question pour faire la phrase.
3. J'écris la phrase :
   – en la commençant par une majuscule,
   – en recopiant sans faute les mots,
   – en terminant par un point.

diapositive 11

> La rédaction de la phrase réponse doit être consolidée. Le rappel des règles est encore nécessaire.

- Rappeler les règles de rédaction d'une phrase réponse.

3. Application individuelle

- Distribuer la fiche photocopiée « Les chats de Lucas ».

Les chats de Lucas

- Faire lire les deux cadres situés en haut de la fiche rappelant la caractéristique de chacune des deux catégories en jeu au cours de cette séance.

> Ces rappels ne seront pas utilisés spontanément par les élèves pendant le travail individuel ; c'est l'enseignant qui y fera référence lors de ses interventions auprès d'élèves en butte à une difficulté.

Tous les problèmes se résolvent avec l'addition.

• Faire lire la consigne, puis résoudre individuellement les problèmes 1 à 6.

1 •	Lucas a 2 sortes de chats : il a des chats noirs et des chats tigrés… En tout, chez Lucas, il y a 13 chats noirs et 15 chats tigrés. *Combien Lucas a-t-il de chats ?*
2 •	Il y a 5 chats sur le lit de Lucas. *Combien y a-t-il de pattes de chats sur le lit de Lucas ?*
3 •	Cette semaine, les 13 chats noirs de Lucas ont attrapé 2 souris chacun. *Combien les chats noirs de Lucas ont-ils attrapé de souris en tout ?*
4 •	Pour nourrir ses chats, Lucas achète 5 boîtes chaque jour. *Combien Lucas achète-t-il de boîtes pour une semaine ?*
5 •	Chez Lucas, j'ai vu 8 chats qui dormaient, 2 chats qui mangeaient et 15 chats qui jouaient. *Combien j'ai vu de chats en tout ?*
6 •	Lucas a 6 paniers pour faire dormir ses chats. Dans chaque panier, il y a 5 chats. *Combien y a-t-il de chats ?*

• Les élèves les plus rapides pourront résoudre les problèmes 7 à 10 (problèmes supplémentaires).

Synthèse : Utiliser une procédure appropriée

– Les apprentissages de la période 2 ont été menés dans des séances ciblant l'attention des élèves. Ces derniers doivent maintenant apprendre à mobiliser leurs acquis dans un contexte plus global. Pour les aider à atteindre cet objectif, il faut programmer un moment de synthèse permettant de faire collectivement le point sur l'état des savoirs et savoir-faire.

– Un enseignement programmé de la résolution de problèmes vise à favoriser les acquisitions qui permettront aux élèves d'accéder à des problèmes plus difficiles, mobilisant des compétences variées. C'est pourquoi il est nécessaire de prévoir régulièrement une séance d'entraînement « élargissant le cadre » (6 catégories mélangées).

Objectifs de la séquence

Utiliser une procédure appropriée :

– Pour résoudre des problèmes d'addition et de soustraction : utiliser la procédure experte.
– Pour résoudre les problèmes de multiplication : utiliser une procédure numérique (addition réitérée).
– Pour résoudre des problèmes de division : mettre en œuvre une procédure non numérique.

Plan de la séquence

La séquence est constituée d'une séance commençant par la synthèse des savoirs et savoir-faire enseignés, puis se poursuivant par un entraînement individuel.

Matériel

Affichages collectifs

Une fiche outil de catégorisation des problèmes ou poster 11 (fiche outil n°2) ou poster 11.

Fiches individuelles à photocopier

Séance 5A : Décorations de Noël

La série est composée de 10 problèmes :
– les problèmes 1 à 8 à résoudre par le calcul (addition, soustraction, addition réitérée) ;
– les problèmes 9 et 10 à résoudre avec des jetons (problèmes de division).

Matériel pour la manipulation

Pour chaque élève, 30 à 40 jetons (ou cubes ou bûchettes...) mis dans un pot.

Résolution de problèmes relevant des 6 catégories en utilisant la procédure appropriée

Séance 5A

Dispositif : présentation collective de la fiche outil n°2, puis entraînement individuel

50 min

1. Synthèse : présentation collective de la fiche outil n°2

- Annoncer aux élèves qu'ils vont s'entraîner à résoudre des problèmes des 6 catégories connues.

- Présenter l'affichage : la fiche outil n°2 (PDF CD-Rom ou poster).

- La faire lire par les élèves.

– Rappeler les conditions d'utilisation de la soustraction (« je cherche ce qui reste » ou « je cherche une partie d'une collection »), celles de l'addition (« je cherche combien ça fait en tout ») et de l'addition réitérée (« je cherche combien ça fait en tout et c'est une collection répétée plusieurs fois»).

– Rappeler que les problèmes de groupements et de partages doivent pour le moment être résolus avec des jetons.

Il est possible de commencer par projeter la fiche n°1 pour mieux mettre en évidence les évolutions de la fiche n°2 (ou de comparer les 2 posters).

La fiche outil n°2 est une évolution de la fiche outil n°1.

Elle n'en diffère que pour les procédures de résolution enseignées au cours de la période 2, concernant les problèmes d'addition, de soustraction et de multiplication.

Cette fiche sert à faire collectivement la synthèse des savoir et savoir-faire… Il n'est pas raisonnable d'attendre des élèves de CE1 qu'ils l'utilisent en autonomie lors des temps de résolution individuelle.

Outil pour apprendre à choisir la bonne opération - CE1/n°2

Je cherche **combien il reste.**	Je cherche **combien ça fait en tout. Les collections sont différentes.**	Je cherche **combien ça fait en tout. Un nombre est répété plusieurs fois.**	Je cherche **combien ça fait pour chacun. C'est un partage.**
Alexandre avait 25 billes. À la récréation, il en a perdu 12. *Combien lui reste-t-il de billes après la récréation ?*	Hier, Emna a gagné 13 billes à la récréation du matin et 12 à celle de l'après-midi. *Combien a-t-elle gagné de billes dans la journée ?*	Aline a gagné 4 sacs de 6 billes. *Combien a-t-elle gagné de billes en tout ?*	Arthur a 21 billes. Il les partage avec Paul et Léa. *Combien chacun aura-t-il de billes ?*
J'écris et je calcule 25 – 12 réponse : Il lui reste *13 billes*.	**J'écris et je calcule** 13 + 12 réponse : Elle a gagné *25 billes.*	**J'écris et je calcule** 6 + 6 + 6 + 6 réponse : Elle a gagné *24 billes.*	7 7 7 réponse : Chacun aura *7 billes.*
Je cherche **une partie d'une collection.**			Je cherche **combien ça fait de groupes. C'est un groupement.**
Lucas a un sac de 28 billes. Dans le sac, il y a 17 billes rouges et les autres sont bleues. *Combien y a-t-il de billes bleues dans le sac ?*			Paul a 20 billes. Pour les offrir à ses amis, il a rempli plusieurs sacs de 5 billes. *Combien a-t-il fait de sacs ?*
J'écris et je calcule 28 – 17 réponse : Il y a *11 billes bleues.*			5 5 5 5 réponse : Il a fait *4 sacs.*
Ce sont des problèmes de **SOUSTRACTION**	C'est un problème d'**ADDITION**	C'est un problème de **MULTIPLICATION**	Ce sont des problèmes de **DIVISION**

Fiche outil n°2 ou poster 11

2. Entraînement individuel

● Distribuer la fiche photocopiée « Décorations de Noël ».

Décorations de Noël

● Faire lire les rappels situés en haut de la fiche (les 6 catégories en jeu) au cours de cette séance.

● Faire lire les deux phrases de consigne *(Résous les problèmes 1 à 8 en faisant un calcul. Résous les problèmes 9 et 10 avec des jetons.)*

● Résolution des problèmes.
Chaque élève résoudra le plus possible de problèmes dans le temps imparti.

● Consacrer les 10 dernières minutes de la séance à la résolution des problèmes 9 et 10, à savoir les problèmes de division à résoudre par la manipulation.

> **9** ● Ali décore les sapins devant la maison.
> Il a 30 guirlandes et il veut mettre 5 guirlandes par sapin.
> *Combien de sapins pourra-t-il décorer ?*
>
> **10** ● Mehdi, Laura et Lucas se partagent 21 boules de Noël pour les accrocher dans le sapin.
> *Combien chacun aura-t-il de boules à accrocher ?*

Les deux consignes sont présentées ensemble, mais la seconde est rappelée avant le problème 9 sur la fiche photocopiée.

Cette séance est une séance d'entraînement, pas une évaluation. C'est donc un temps de l'apprentissage, tout à fait approprié à la différenciation…
L'enseignant peut constituer le groupe des élèves ayant besoin d'un étayage et guider la progression de ce groupe.
Les élèves les plus performants sont alors (plus) autonomes, ne sollicitant l'aide de l'adulte que de manière ponctuelle.

Évaluation

– L'évaluation permet de mesurer les évolutions effectuées depuis le début de l'année et le chemin restant à parcourir. Elle doit porter sur des problèmes relevant des 6 catégories étudiées depuis le début de l'année et prendre en compte les apprentissages méthodologiques menés.

– La mise en œuvre des 4 étapes de la résolution d'un problème ne sera que partiellement observée. Il est en effet impossible, dans un dispositif de travail individuel, de s'assurer que chaque élève mémorise bien la question.

– Chaque problème sera évalué sur 3 critères : la procédure ; le résultat ; la phrase réponse. Il convient d'informer les élèves du barème retenu (1 point par critère et par problème) afin de leur faire prendre conscience de l'intérêt que représente la prise en compte de chaque critère et de les inciter à faire preuve d'une attention soutenue.

La procédure : l'opération doit être écrite pour les problèmes 1 à 4… Si ce n'est pas le cas, compter ½ point si le résultat est exact. Si c'est un dessin, compter 1 point si le résultat est exact, ½ point si le dessin correspond à la situation mais si le résultat est inexact.

Le résultat : 0 pour un résultat inexact, 1 pour un résultat exact.

La réponse : 1 point si la réponse est bien rédigée et le résultat exact ; ½ point si la phrase est bien rédigée mais le résultat inexact ; 0 dans tous les autres cas.

Cette évaluation permettra à l'enseignant d'effectuer une analyse individuelle et collective des productions.

Au plan individuel :

– elle indiquera à quel niveau d'ensemble se situe un élève (70% de réussite correspond à environ 12,5 sur 18) ;

– elle permettra de connaître le nombre de démarches correctes et donc le niveau de compréhension « global » en résolution de problèmes (ex. : 66% de réussite pour 4 démarches correctes ; 83% pour 5 démarches correctes) ;

– elle ne permettra pas de mesurer avec précision la maîtrise de chacune des catégories de problèmes car 1 problème par catégorie ne suffit pas pour cela. Sur ce point, l'évaluation complétera les indications données par les séances précédentes.

Au plan collectif :

– elle permettra de connaître le pourcentage global de réussite de l'ensemble du groupe ;

– elle permettra de connaître, pour chaque catégorie de problème, le pourcentage de réussite du groupe.

Des remédiations individuelles ou par groupes de besoin pourront être mises en place et organisées lors de temps spécifiques.

L'apprentissage de l'utilisation des opérations pourra par exemple être repris, en utilisant des problèmes qui ont déjà été résolus et dont on modifiera les données numériques.

Objectifs de la séquence

Évaluer les apprentissages menés en périodes 1 et 2.

– Pour résoudre des problèmes d'addition et de soustraction : utiliser la procédure experte.
– Pour résoudre les problèmes de multiplication : utiliser une procédure numérique (addition réitérée).
– Pour résoudre des problèmes de division : mettre en œuvre une procédure non numérique.

Plan de la séquence

La séquence est constituée d'une séance.

Matériel

Fiches individuelles à photocopier

Séance 6A : Évaluation
La série est composée de 6 problèmes :
–   les problèmes 1 à 4 à résoudre par le calcul (addition, soustraction, addition réitérée) ;
–   les problèmes 5 et 6 à résoudre avec des jetons (problèmes de division).

Matériel pour la manipulation

Pour chaque élève, 30 à 40 jetons (ou cubes ou bûchettes…) mis dans un pot.

Apprentissages menés en périodes 1 et 2
Individuel

Séance 6A
40 min

1. Présentation de la séance

● Annoncer aux élèves que la séance est une évaluation qui va permettre de mesurer ce qui est acquis et ce qui ne l'est pas complètement.

● Distribuer la fiche photocopiée « Évaluation ».

Évaluation

● Expliquer la consigne : « *Vous allez devoir résoudre 6 problèmes en tout, les problèmes 1, 2, 3 et 4 de l'exercice 1 par des calculs, les problèmes 5 et 6 de l'exercice 2 avec les jetons.* »

- Faire lire les consignes des deux types de problème (exercices 1 et 2).

- Expliquer que chaque problème sera évalué sur 3 critères :
- la démarche, qui devra montrer qu'on a choisi le bon calcul ou qu'on a bien manipulé les jetons ;
- le résultat, qui devra être exact ;
- la réponse, qui devra être une phrase bien rédigée.

2. Travail individuel

- Laisser les élèves libres d'avancer à leur rythme, mais imposer le changement de problème aux plus lents (pas plus de 6 minutes par problème, par exemple : au bout de 12 minutes, on passe obligatoirement au problème 3).

- À l'issue de la résolution des 6 problèmes, permettre aux élèves qui ne les ont pas résolus de revenir si nécessaire sur les problèmes 1 à 4 avec 10 minutes de manipulation.

Autoriser les élèves à utiliser les jetons dans un second temps permettra de savoir s'ils sont véritablement ou non capables de résoudre ces problèmes.

Pour les problèmes 5 et 6, c'est la manipulation qui est attendue… Il ne faut pourtant pas exclure la possibilité que des élèves les résolvent mentalement par le calcul.

Séquence 7

S'entraîner à la résolution de problèmes de recherche

– Les procédures numériques enseignées en période 2 doivent être consolidées. Un entraînement régulier à la résolution de courtes séries de problèmes simples, toujours ciblées sur le choix entre deux opérations, contribue à mieux ancrer ces procédures.

– Ces acquisitions doivent aussi permettre aux élèves de faire face à des problèmes plus difficiles.

– Les problèmes de recherche contraignent les élèves à mettre en œuvre des démarches personnelles. Ils favorisent ainsi le développement d'attitudes et de compétences spécifiques (*cf.* Introduction, page 23). L'entrée dans l'activité (lecture de l'énoncé), l'organisation de la recherche écrite et la confrontation des productions font l'objet d'une attention particulière de l'enseignant.

Objectifs de la séquence

– Résoudre des problèmes à une opération par le calcul approprié.

– Résoudre des problèmes de recherche en mettant en œuvre une démarche personnelle.

Plan de la séquence

La séquence est constituée de 4 séances. Chaque séance comporte 2 phases portant respectivement sur :
1. la résolution de problèmes simples, pour entraîner les procédures numériques apprises en période 2 (séances 1 et 2, choix entre addition et addition réitérée / séances 3 et 4, choix entre addition et soustraction) ;
2. la résolution d'un problème de recherche.

Matériel

Affichages collectifs

Pour chaque séance, le texte du problème de recherche pour une lecture collective et un guide méthodologique (PowerPoint ou A4 à imprimer, CD-Rom) :
– séance 7A : Recherche (1) ;
– séance 7B : Recherche (2) ;
– séance 7C : Recherche (3) ;
– séance 7D : Recherche (4).

Fiches individuelles à photocopier

1. Séries de 3 problèmes simples.

2. Un problème de recherche par séance :
– Séance 7A : Addition réitérée (1)
– Séance 7B : Addition réitérée (2)
– Séance 7C : La recherche d'un reste
– Séance 7D : La recherche d'une partie de collection

Problème de recherche à étapes

1re phase : entraînement individuel

2e phase : appropriation collective ; recherche individuelle
ou par binômes ; mise en commun

Séance 7A

15 min

40 min

1. Présentation de la séance

● Annoncer aux élèves que la séance sera composée de deux parties : la première sera consacrée à l'entraînement à la résolution de problèmes simples par l'addition, la seconde à la résolution d'un problème différent, plus difficile.

● Distribuer la fiche photocopiée « Addition réitérée (1) : Les tulipes ».

Addition réitérée (1) : Les tulipes

1re phase

2. Entraînement à la résolution de problèmes de multiplication avec l'addition réitérée

● Faire lire les deux cadres de rappel situés en haut de la fiche.

Un problème de multiplication	Un problème d'addition
Aline a gagné 4 sacs de 6 billes.	Aline a un sac de 4 billes et un autre sac de 6 billes.
Combien a-t-elle gagné de billes en tout ?	*Combien a-t-elle de billes en tout ?*
Je cherche combien ça fait en tout, et c'est une collection répétée plusieurs fois.	Je cherche combien ça fait en tout, et ce sont des collections différentes.
J'utilise l'addition 6 + 6 + 6 + 6 = 24	J'utilise une autre addition 6 + 4 = 10

● Expliquer la consigne aux élèves : « *Vous allez maintenant résoudre les problèmes 1 à 3 sur votre cahier en utilisant l'addition. Attention, il faut écrire une addition réitérée pour les problèmes de multiplication.* »

● Faire résoudre les problèmes en temps limité : 5 minutes au maximum par problème.

Les deux cadres reprennent les problèmes de référence et rappellent les points communs et les différences entre les deux catégories.

Rappeler que la phrase réponse doit être rédigée à partir des mots de la question.

La présence systématique du 5 dans les données numériques favorise les calculs et donc une résolution rapide.

2ᵉ phase

3. Résolution d'un problème de recherche

● Afficher l'énoncé du problème et le faire lire à voix haute.

Les tulipes – Marilou a cueilli 18 tulipes rouges et autant de tulipes bleues. Elle a aussi cueilli 14 tulipes jaunes.
Elle fait des bouquets de 5 tulipes, puis elle vend tous les bouquets 4 € chacun.

....

....

Combien gagne-t-elle d'argent en vendant tous les bouquets ?

Ce problème est un problème à 3 étapes, dont les deux premières sont « cachées » (les questions ne sont pas données dans l'énoncé) :
1) Combien a-t-elle cueilli de fleurs ?
2) Combien a-t-elle fait de bouquets ?

De plus, il faut utiliser la réponse de la question 1) pour répondre à la question 2), et la réponse de la question 2) pour répondre à la question de l'énoncé.

● Faire reformuler le problème par les élèves.

● Faire redire la question afin de s'assurer que chaque élève sait ce qu'il doit chercher.

● Demander aux élèves quelles sont les deux informations dont on a besoin pour répondre à la question :
– le prix d'un bouquet (information disponible) ;
– le nombre de bouquets (information non disponible).

● Faire chercher ces deux informations dans l'énoncé et remarquer que la seconde n'y est pas.

● Demander comment il est possible de trouver le nombre de bouquets.
Si nécessaire, expliquer qu'il faut grouper les tulipes par 5.

● Écrire au tableau, faire redire, puis copier les deux questions intermédiaires sur la fiche photocopiée.

● Afficher le guide méthodologique. Le lire aux élèves : « Pour résoudre le problème suivant, il faut faire plusieurs calculs.
– **Présente bien ton travail du haut vers le bas, pour qu'il soit facile à comprendre.**
– **Écris la réponse à la question en bas de ton travail et souligne-la.** »

● Les élèves cherchent individuellement ou par groupes de 2.

● Au total, la recherche ne doit pas excéder 25 minutes.

● Afficher quelques productions. Faire procéder à leur comparaison.

● Valider la bonne réponse et l'organisation de l'écrit de recherche.

La phase d'appropriation collective de l'énoncé vise à faire identifier les « questions cachées » et rendre ainsi le problème équivalent à une suite de 3 problèmes à une étape.

Les problèmes à étapes sont au programme du cycle 3. C'est pourquoi ce problème est abordé ici comme problème de recherche et constitue un défi. Ce sont donc des procédures personnelles qui sont attendues, le recours au dessin étant possible.

Si les élèves n'identifient pas la nécessité de connaître le nombre de bouquets, leur demander combien gagnerait Marilou en faisant 2 bouquets, 3 bouquets.
On montre ainsi que le nombre de bouquets rend le problème accessible.

Le calcul du nombre de bouquets correspond à un problème de groupement… À ce stade de l'année, il peut être résolu par le dessin.

Prévenir les élèves que chaque production est susceptible d'être affichée et donc d'être lue par tous. Il faut donc veiller à écrire gros et de façon lisible.

Ne pas dépasser 3 productions à la fois, afin de cibler l'attention.

La production d'un élève ou d'un groupe peut ensuite être donnée comme corrigé du problème.

Problème de recherche avec des essais
Séance 7B

1re phase : entraînement individuel — **15 min**

2e phase : appropriation collective ; recherche individuelle
ou par binômes ; mise en commun — **35 min**

1. Présentation de la séance

• Annoncer aux élèves que la séance va ressembler à la précédente, avec une première partie consacrée à l'entraînement à la résolution de problèmes simples par l'addition et une seconde à la résolution d'un problème de recherche.

• Distribuer la fiche photocopiée « Addition réitérée (2) : Chameaux et dromadaires ».

Addition réitérée (2) :
Chameaux et dromadaires

1re phase

2. Entraînement à la résolution de problèmes de multiplication avec l'addition réitérée

• Faire lire les deux cadres de rappel situés en haut de la fiche.

• Expliquer la consigne aux élèves : « *Vous allez maintenant résoudre les problèmes 4 à 6 sur votre cahier en utilisant l'addition.*»

• Faire résoudre les problèmes en temps limité : 5 minutes au maximum par problème.

2e phase

3. Résolution d'un problème de recherche

• Afficher l'énoncé du problème et le faire lire à voix haute.

Chameaux et dromadaires – Julie est allée au zoo. Elle a vu des chameaux et des dromadaires. Elle a compté les bosses et les pattes… Il y avait 12 bosses et 28 pattes.
Combien Julie a-t-elle vu de chameaux ? Combien a-t-elle vu de dromadaires ?

Les deux cadres sont les mêmes que ceux de la séance précédente (Séance 7A).

La présence systématique du 5 dans les données numériques favorise les calculs et donc une résolution rapide.

Ce problème est concret. Il est difficile à résoudre, mais pas à comprendre.

77

Ce problème est dit « à 2 contraintes » (les nombres de bosses et de pattes).
La réponse est *5 chameaux* et *2 dromadaires*.
La procédure experte n'est accessible qu'au collège. En fin de cycle 3,
on peut attendre l'utilisation des calculs suivants :
28 = 7 x 4 ➜ Il y a 7 animaux.
12 = (2 x 5) + (1 x 2) ➜ Il y a 5 chameaux et 2 dromadaires.

Au CE1, les élèves résolvent ce problème en utilisant l'addition ou par le dessin.

Dans leurs procédures, les élèves dessinent les 28 pattes par groupes de 4.
Ils dessinent aussi les 12 bosses, mais souvent à un autre endroit de la feuille.
Il leur faut alors « attribuer les bosses aux pattes », par 1 (pour un dromadaire)
ou par 2 (pour un chameau).

Une procédure numérique est également possible :
4 + 4 + 4 + 4 + 4 + 4 + 4 = 28, donc il y a 7 animaux.
2 + 2 + 2 + 2 + 2 + 1 + 1 = 12, donc il y a 5 chameaux et 2 dromadaires.

• Faire reformuler le problème par les élèves. Faire redire la question afin
de s'assurer que chaque élève sait ce qu'il doit chercher.

• Afficher le guide méthodologique. Le lire aux élèves : « Pour résoudre
le problème suivant, tu vas devoir faire plusieurs essais.
– **Tu peux faire des calculs ou des dessins.**
– **Fais tes essais du haut vers le bas de ta feuille.**
– **Écris la réponse à la question au bas de ton travail et souligne-la.** »

• Faire chercher individuellement ou par groupes de 2. Au total, la recherche
ne doit pas excéder 25 minutes.
Interrompre la recherche si nécessaire pour débattre collectivement
de la difficulté qui « résiste » généralement aux élèves : que faire quand
on a trop ou pas assez de bosses dans ses calculs ou son dessin ?
Réponse attendue : pour diminuer le nombre de bosses, il faut remplacer
un chameau par un dromadaire… Pour l'augmenter, il faut faire l'inverse.

• Afficher quelques productions. Faire procéder à leur comparaison.

• Valider la bonne réponse et l'organisation de l'écrit de recherche.

La résolution par le dessin d'un problème de ce type au CE1 est intéressante à double titre :
– pour la réflexion qu'elle impose à l'élève,
– parce qu'elle contribue à construire le sens des situations de ce type.
Ce problème peut être dessiné ou manipulé. Ici c'est le dessin qui est préconisé parce qu'il permet une confrontation des procédures en fin de séance.

Au CE1, c'est le dessin qui est presque toujours utilisé, la procédure numérique faisant exception.

Rappeler qu'un dromadaire a une bosse et qu'un chameau en a deux.

Rappeler que chaque production devra être lisible de loin.

Il convient de prêter attention à la difficulté suivante : faire des essais, c'est accepter « de modifier une idée qui n'a pas marché ». Un étayage par l'enseignant est souvent nécessaire lors de cette phase.

Ne pas dépasser 3 productions à la fois, afin de cibler l'attention.

La production d'un élève ou d'un groupe peut ensuite être présentée comme corrigé du problème.

Problème de recherche de tous les possibles

Séance 7C

1re phase : entraînement individuel — **15 min**

2e phase : appropriation collective ; recherche individuelle
ou par binômes ; mise en commun — **35 min**

1. Présentation de la séance

• Annoncer aux élèves que la séance va commencer par un entraînement à la résolution de problèmes d'addition et de soustraction, puis qu'elle
se poursuivra par la résolution d'un problème de recherche.

- Distribuer la fiche photocopiée « Recherche d'un reste ».

Recherche d'un reste

1re phase

2. Entraînement à la résolution de problèmes d'addition et de soustraction

- Faire lire les deux cadres de rappel situés en haut de la fiche.

Un problème de soustraction	Un problème d'addition
Alexandre avait 25 billes. À la récréation, il en a perdu 12.	Hier, Emna a gagné 13 billes à la récréation du matin et 12 à celle de l'après midi.
Combien lui reste-t-il de billes après la récréation ?	*Combien a-t-elle gagné de billes dans la journée ?*
Je cherche combien il reste.	Je cherche combien ça fait en tout.
J'utilise la **soustraction** $25 - 12 = 13$	J'utilise l'**addition** $13 + 12 = 25$

Les deux cadres reprennent les problèmes de référence et rappellent les critères de choix entre l'addition et la soustraction.

- Expliquer la consigne aux élèves : « *Vous allez maintenant résoudre les problèmes 1 à 3 sur votre cahier en choisissant entre l'addition et la soustraction.* »

- Faire résoudre les problèmes en temps limité : 5 minutes au maximum par problème.

Les données numériques favorisent un calcul et donc une résolution rapide.

2e phase

3. Résolution d'un problème de recherche

- Afficher l'énoncé du problème et le faire lire à voix haute.

Les costumes du clown

Pour se déguiser, un clown dispose de :
- 2 chapeaux (un rouge, un bleu) ;
- 2 vestes (une violette, une jaune) ;
- 3 pantalons (un marron, un noir, un vert).

Combien de costumes* différents le clown peut-il faire ?

(* : Un costume, c'est un chapeau, plus une veste, plus un pantalon.)

La phase d'appropriation collective de l'énoncé vise :
– à s'assurer que le terme *costume* est bien compris comme la combinaison d'un chapeau, d'une veste et d'un pantalon ;
– à éliminer une compréhension erronée de la question.
À la première lecture, certains élèves pensent en effet qu'on ne peut utiliser au total qu'une seule fois chaque élément.

7C Recherche (3)

C'est un produit cartésien qui constitue la procédure experte de ce problème :
2 x 2 x 3 = 12
Il existe donc 12 combinaisons possibles.
Au CE1, c'est un problème de recherche de toutes les combinaisons possibles.

Celle-ci devra être l'objet d'une discussion collective et pourra prendre la forme d'un arbre (voir ci-dessous) ou d'un tableau.

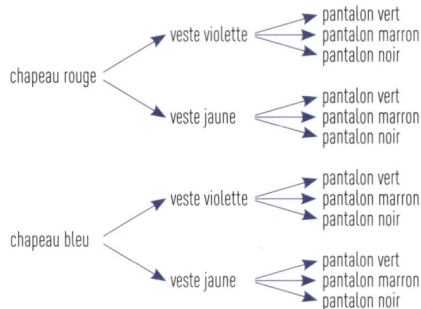

- Faire reformuler le problème par les élèves. Faire redire la question afin de s'assurer que chaque élève sait ce qu'il doit chercher.

- Afficher le guide méthodologique. Le lire aux élèves : « Pour résoudre le problème suivant, tu vas devoir trouver tous les possibles.
– **Organise bien ta recherche pour n'oublier aucun costume.** »

- Faire chercher individuellement ou par groupes de 2.

- Interrompre la recherche au bout de 10 minutes. Demander à chacun combien de costumes il a trouvé. Puis demander : « Comment pourrait-on organiser le dessin pour être sûr de n'oublier aucun costume ? »

- Amorcer au tableau l'organisation de la recherche, en dessinant les deux chapeaux et les premières branches de l'arbre.

- Relancer la recherche pour faire trouver tous les possibles. Au total, la recherche ne doit pas excéder 25 minutes.

- Afficher quelques productions.

- Valider la bonne réponse et l'organisation de l'écrit de recherche.

Problème de recherche long

Séance 7D

1re phase : entraînement individuel — 15 min

2e phase : appropriation collective ; recherche individuelle ou par binômes ; mise en commun — 40 min

1. Présentation de la séance

- Annoncer aux élèves que la séance va commencer par un entraînement à la résolution de problèmes d'addition et de soustraction, puis qu'elle se poursuivra par la résolution d'un problème de recherche.

Une autre difficulté réside dans la compréhension de l'enjeu de l'activité. Il faut organiser son travail pour n'oublier aucun costume. L'attention des élèves est centrée sur la recherche des costumes ; celle de l'enseignant doit se mobiliser sur une question induite : comment organiser la recherche pour n'oublier aucun costume ?

L'arbre des possibles est plus lisible pour les élèves si les vêtements sont dessinés et colorés.

Rappeler que les productions devront être lisibles de loin.

Les élèves dessinent des costumes tous différents. Mais le plus souvent, lorsqu'ils en ont une dizaine, ils ne parviennent pas à identifier les manquants. Il est rare qu'ils mettent en place spontanément une organisation permettant de dessiner tous les costumes.

Cette phase permet à tous les élèves de chercher dans la bonne direction.

La mise en commun sert à valider la réponse 12 et la présentation des productions affichées.

● Distribuer la fiche photocopiée « Recherche d'une partie de collection ».

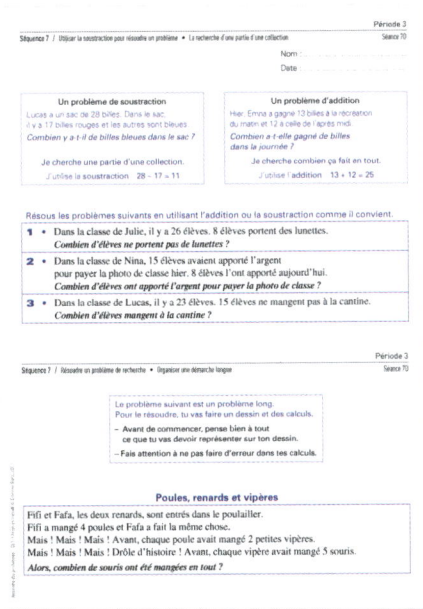

····· 7D Recherche (4)

1re phase

2. Entraînement à la résolution de problèmes d'addition et de soustraction

● Faire lire les deux cadres de rappel situés en haut de la fiche.

● Expliquer la consigne aux élèves : « *Vous allez maintenant résoudre les problèmes 1 à 3 sur votre cahier en choisissant entre l'addition et la soustraction.*»

● Faire résoudre les problèmes en temps limité : 5 minutes au maximum par problème.

2e phase

3. Résolution d'un problème de recherche

● Afficher l'énoncé du problème et le faire lire à voix haute.

Poules, renards et vipères – Fifi et Fafa, les deux renards, sont entrés dans le poulailler. Fifi a mangé 4 poules et Fafa a fait la même chose.
Mais ! Mais ! Mais ! Avant, chaque poule avait mangé 2 petites vipères.
Mais ! Mais ! Mais ! Drôle d'histoire ! Avant, chaque vipère avait mangé 5 souris.
Alors, combien de souris ont été mangées en tout ?

C'est un produit qui constitue la procédure experte :
$2 \times 4 \times 2 \times 5 = 80$
Pour les élèves de CE1, c'est l'addition réitérée qui sera utilisée dans les procédures.
Le problème combine une difficulté des problèmes à étapes (utiliser les résultats des questions intermédiaires) et celle de la recherche de tous les possibles (organiser sa recherche).

Au CE1, les élèves adoptent l'une ou l'autre des stratégies suivantes :
– Faire un dessin ou un schéma (*cf*. ci-dessous).

Les deux cadres sont les mêmes que ceux de la séance précédente.

Les données numériques favorisent un calcul et donc une résolution rapide.

Ce problème est concret. Il est compliqué à résoudre, mais pas à comprendre.
C'est la succession des étapes qui doit être mise en évidence lors de la lecture collective.

Ce problème met en évidence l'intérêt de disposer d'une autre opération pour éviter l'écriture d'opérations aussi longues, dans lesquelles le même nombre est répété.
« Écrire 5×16 apparaît plus pratique que $5 + 5 + 5 + 5 + 5 + 5 + 5 + 5 + 5 + 5 + 5 + 5 + 5 + 5 + 5 + 5$ ». Lors de la mise en commun, l'enseignant pourra apporter l'écriture de la multiplication.

renards	Fifi		Fafa	

poules mangées	P	P	P	P	P	P	P	P

vipères mangées	V	V	V	V	V	V	V	V	V	V	V	V	V	V	V	V

souris mangées	5	5	5	5	5	5	5	5	5	5	5	5	5	5	5	5

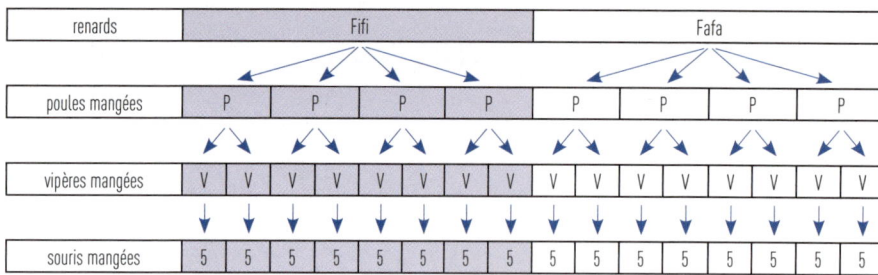

$5 + 5 + 5 + 5 + 5 + 5 + 5 + 5 + 5 + 5 + 5 + 5 + 5 + 5 + 5 + 5 = 80$
80 souris ont été mangées.

– Mettre en œuvre une procédure purement numérique :
$4 + 4 = 4 \times 2 = 8$
8 poules ont été mangées.
$2 + 2 + 2 + 2 + 2 + 2 + 2 + 2 = 2 \times 8 = 16$
16 vipères ont été mangées.
$5 + 5 + 5 + 5 + 5 + 5 + 5 + 5 + 5 + 5 + 5 + 5 + 5 + 5 + 5 + 5 = 5 \times 16 = 80$
80 souris ont été mangées.

● Faire reformuler le problème par les élèves. Faire redire la question afin de s'assurer que chaque élève sait ce qu'il doit chercher.

● Afficher le guide méthodologique. Le lire aux élèves : « Le problème suivant est un problème long. Pour le résoudre, tu vas faire un dessin et des calculs.
– Avant de commencer, pense bien à tout ce que tu vas devoir représenter sur ton dessin.
– Fais attention à ne pas faire d'erreur dans tes calculs. »

● Faire chercher individuellement ou par groupes de 2. Au total, la recherche ne doit pas excéder 25 minutes.

● Afficher quelques productions.

● Faire procéder à leur comparaison.

● Valider la bonne réponse et l'organisation de l'écrit de recherche.

Le démarrage du dessin doit anticiper sur la suite... Partager la page en deux colonnes, une pour chaque renard, est important.

Il est intéressant d'intégrer l'écriture de calculs à la procédure, car les opérations apparaissent alors plus lisibles que le dessin.

Prévenir les élèves que leurs productions sont susceptibles d'être affichées et donc d'être lues par tous. Il faut donc veiller à écrire gros et de façon lisible.

L'enseignant intervient le plus tôt possible pour aider les élèves qui éprouvent des difficultés à organiser leur dessin ou leurs calculs. Cet étayage méthodologique doit permettre à chacun de mener à bien sa démarche.

Un corrigé peut être donné aux élèves. Il peut s'agir de la production d'un élève ou d'un groupe.

Manipuler pour résoudre des problèmes de division

– Les problèmes de groupement et de partage ont été rencontrés lors des deux premières périodes pour familiariser les élèves avec les procédures.

– Cette fois, il s'agit d'entraîner les élèves à la manipulation pour favoriser l'apprentissage des procédures numériques, programmé en période 4.

– Il est également important de permettre aux élèves de distinguer les deux catégories.
Cela leur permettra le moment venu de comprendre pourquoi on utilise la même opération pour résoudre des problèmes pourtant différents et donc de bien construire la catégorie des problèmes de division.

Objectifs de la séquence

– Résoudre des problèmes de division par la manipulation.

– Savoir que la catégorie des problèmes de division est composée des problèmes de groupement et de partage.

Plan de la séquence

La séquence est constituée d'une séance.

Matériel

Affichages collectifs

ou **posters 12 et 13**

Une présentation PowerPoint où la résolution d'un problème de groupement et d'un problème de partage est modélisée ou posters 12 et 13.

Fiches individuelles à photocopier

Séries de 6 problèmes, suivies de problèmes supplémentaires :
Séance 8A : La gourmandise d'Anelise

Matériel pour la manipulation

Pour chaque élève, 30 à 40 jetons (ou cubes ou bûchettes...) mis dans un pot.

Problèmes de division

Modélisation des procédures de résolution
et de la rédaction de la réponse, puis application individuelle

séance 8A

50 min

1. Présentation de la séance

- Faire rappeler par les élèves les 6 catégories connues.

- Annoncer aux élèves qu'ils vont s'entraîner à résoudre des problèmes de division par la manipulation. **Cette famille est composée de 2 catégories : les groupements et les partages.**

- Commencer la présentation du PowerPoint (séance 8A).

- Faire lire la diapositive 1 silencieusement puis à voix haute. Elle rappelle l'objectif de la séance : **Résoudre des problèmes de groupement et de partage.**

2. Modélisation de la procédure de résolution d'un problème de groupement

- Passer à la diapositive 2. Faire lire l'énoncé du problème, puis demander à un élève de redire la question de mémoire.
Laura a 24 sucettes. Elle prépare des sachets de 4 sucettes.
Combien lui faut-il de sachets ?

- Présenter les diapositives 3 et 4.

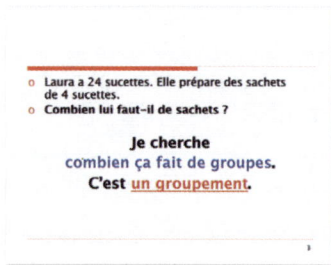

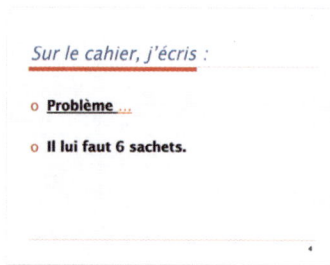

diapositive 3

diapositive 4

- Présenter la diapositive 5. Faire lire l'énoncé du problème, puis faire redire la question de mémoire par un élève.
Laura a 24 sucettes. Elle les partage en 4.
Combien chacun va-t-il avoir de sucettes ?

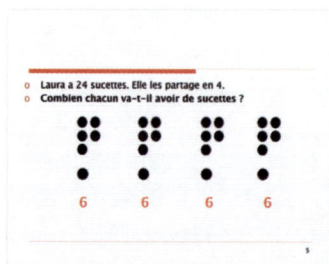

S'appuyer sur la fiche outil n°2 si nécessaire. Le terme de *division* est utilisé à des fins de familiarisation.

Les élèves doivent comprendre le but de la manipulation : elle va consister à préparer des sachets de 4 sucettes jusqu'à utilisation des 24.

8A Groupement Partage Manipulation

La manipulation d'un groupement est identique à celle d'un problème de multiplication. La différence porte sur le questionnement. Ici, on connaît le nombre de sucettes. **On cherche le nombre de sachets (ou groupes).** Il faut attirer l'attention des élèves sur l'erreur la plus fréquemment commise et qui consiste à compter le tout au lieu du nombre de groupes. Il faut rappeler aux élèves la nécessité de relire la question.

La diapositive 3 donne un nom à la catégorie.
Le terme *groupe* doit être élargi. On citera aussi : *paquets, sacs, sachets, équipes*…

La diapositive 4 rappelle que pour cette catégorie la réponse est formulée par une phrase sans écriture d'opération.

Faire dire qu'il faut distribuer toutes les sucettes, et qu'à la fin chacun devra avoir le même nombre de sucettes.

La manipulation est une distribution (donc terme à terme).
Elle montre qu'à chaque tour, on donne la même quantité à chacun.
Elle montre aussi la nécessité de calculer (ou dénombrer) ce qui reste pour savoir si le partage est terminé ou s'il doit continuer.

Cette séance traite des partages avec un reste nul. Les partages avec reste non nul seront traités en période 5.

- Présenter les diapositives 6 et 7.

o Laura a 24 sucettes. Elle les partage en 4.
o Combien chacun va-t-il avoir de sucettes ?

Je cherche
combien ça fait pour chacun.
C'est un partage.

diapositive 6

Sur le cahier, j'écris :

o **Problème** ...

o **Chacun va avoir 6 sucettes.**

diapositive 7

La diapositive 6 donne un nom à la catégorie.

La diapositive 7 rappelle que pour cette catégorie la réponse est formulée par une phrase sans écriture d'opération.

3. Application individuelle

- Distribuer la fiche photocopiée « La gourmandise d'Anelise ».

La fiche est prévue en 2 versions différant uniquement pour les données numériques.

La gourmandise d'Anelise

La gourmandise d'Anelise – série A

Résous les problèmes suivants en manipulant. Puis écris les phrases réponses sur ton cahier.

1 • Le riz au lait – Anelise achète 16 pots de riz au lait. Elle mange 2 pots chaque jour.
Combien de jours faut-il à Anelise pour manger tous les pots de riz au lait ?

2 • Les mini-cakes – Anelise a préparé 21 mini-cakes et elle a invité 2 amies pour le goûter. Elles vont se partager les mini-cakes.
Combien chacune aura-t-elle de mini-cakes ?

3 • La tablette de chocolat – Anelise a une tablette de 24 carreaux de chocolat. Elle veut la partager avec 3 amies.
Combien chacune aura-t-elle de carreaux ?

4 • Les crêpes – Anelise a invité des amies et elle a préparé 3 crêpes pour chacune de ses amies. Elle a fait 24 crêpes en tout.
Combien Anelise a-t-elle invité d'amies ?

5 • Les madeleines – Anelise doit préparer 30 madeleines. Dans un moule, elle peut faire cuire 5 madeleines.
Combien lui faut-il de moules ?

6 • Les mini-quiches – Ce soir, Anelise prépare 18 mini-quiches pour ses 6 invités.
Combien chaque invité aura-t-il de mini-quiches ?

Problèmes supplémentaires

7 • Les toasts – Pour préparer des toasts, Anelise a coupé 16 morceaux d'ananas. Elle dispose 1 morceau de jambon et 2 morceaux d'ananas sur chaque toast.
Combien de toasts peut-elle préparer ?

8 • Les oursons en guimauve – Pour son anniversaire, Anelise veut partager 21 oursons en guimauve entre ses 3 amies.
Combien chacune des 3 amies aura-t-elle d'oursons en guimauve ?

9 • Les tartes – Anelise a préparé 2 tartes. Elle veut avoir 16 parts.
Combien de parts doit-elle faire dans chacune des tartes ?

10 • Les œufs en chocolat – Anelise a acheté 27 œufs en chocolat. Les œufs sont dans des boîtes de 3.
Combien Anelise a-t-elle acheté de boîtes ?

La gourmandise d'Anelise – série B

Résous les problèmes suivants en manipulant. Puis écris les phrases réponses sur ton cahier.

1 • Le riz au lait – Anelise achète 18 pots de riz au lait. Elle mange 2 pots chaque jour.
Combien de jours faut-il à Anelise pour manger tous les pots de riz au lait ?

2 • Les mini-cakes – Anelise a préparé 20 mini-cakes et elle a invité 3 amies pour le goûter. Elles vont se partager les mini-cakes.
Combien chacune aura-t-elle de mini-cakes ?

3 • La tablette de chocolat – Anelise a une tablette de 24 carreaux de chocolat. Elle veut la partager avec 2 amies.
Combien chacune aura-t-elle de carreaux ?

4 • Les crêpes – Anelise a invité des amies et elle a préparé 4 crêpes pour chacune de ses amies. Elle a fait 24 crêpes en tout.
Combien Anelise a-t-elle invité d'amies ?

5 • Les madeleines – Anelise doit préparer 20 madeleines. Dans un moule, elle peut faire cuire 4 madeleines.
Combien lui faut-il de moules ?

6 • Les mini-quiches – Ce soir, Anelise prépare 24 mini-quiches pour ses 4 invités.
Combien chaque invité aura-t-il de mini-quiches ?

Problèmes supplémentaires

7 • Les toasts – Pour préparer des toasts, Anelise a coupé 14 morceaux d'ananas. Elle dispose 1 morceau de jambon et 2 morceaux d'ananas sur chaque toast.
Combien de toasts peut-elle préparer ?

8 • Les oursons en guimauve – Pour son anniversaire, Anelise veut partager 27 oursons en guimauve entre ses 3 amies.
Combien chacune des 3 amies aura-t-elle d'oursons en guimauve ?

9 • Les tartes – Anelise a préparé 3 tartes. Elle veut avoir 18 parts.
Combien de parts doit-elle faire dans chacune des tartes ?

10 • Les œufs en chocolat – Anelise a acheté 30 œufs en chocolat. Les œufs sont dans des boîtes de 6.
Combien Anelise a-t-elle acheté de boîtes ?

- Faire lire les deux cadres de rappel de la présentation collective.
- Faire lire la consigne et rappeler les attentes de présentation.
- Faire résoudre les problèmes 1 à 6.
3 de ces problèmes sont des groupements et 3 sont des partages.
- Les élèves les plus rapides pourront résoudre les problèmes 7 à 10.

La réponse est constituée d'une phrase.

L'enseignant veille à ce que les collections soient organisées. Il apporte son aide lorsque le besoin s'en fait sentir.

Synthèse : Utiliser une procédure appropriée

– Les séances de la période 3 ont permis d'entraîner la mise en œuvre des procédures numériques enseignées lors des périodes 1 et 2.

– Ces entraînements se sont déroulés dans des conditions facilitant la tâche des élèves puisque chaque séance était consacrée à 2 catégories. Cette fois, l'entraînement concerne les 6 catégories et la charge d'identification de celles-ci est à la charge des élèves.

➤ Objectifs de la séquence

Utiliser une procédure appropriée.

– Pour résoudre des problèmes d'addition et de soustraction : utiliser la procédure experte.

– Pour résoudre les problèmes de multiplication : utiliser une procédure numérique (addition réitérée).

– Pour résoudre des problèmes de division : mettre en œuvre une procédure non numérique.

Plan de la séquence

La séquence est constituée d'une séance commençant par la synthèse des savoirs et savoir-faire enseignés, puis se poursuivant par un entraînement individuel.

Matériel

Affichages collectifs

Une fiche outil de catégorisation des problèmes (fiche outil n°2) ou poster 11. **ou poster 11**

Fiches individuelles à photocopier

Séance 9A : Les métiers
La série est composée de 10 problèmes :
les problèmes 1, 2, 4, 6, 7, 8 et 10 sont
à résoudre par le calcul (addition, soustraction,
addition réitérée), les problèmes 3, 5 et 9 sont
à résoudre avec des jetons.

Matériel pour la manipulation

Pour chaque élève, 30 à 40 jetons
(ou cubes ou bûchettes...) mis dans un pot.

Résolution de problèmes relevant des 6 catégories en utilisant la procédure appropriée

Séance 9A

Présentation collective de la fiche outil n°2,
puis entraînement individuel

50 min

1. Synthèse – présentation collective de la fiche outil n°2

- Annoncer aux élèves qu'ils vont s'entraîner à résoudre des problèmes des 6 catégories connues.

- Présenter l'affichage (la fiche outil n°2).

- Le faire lire par les élèves.

– Rappeler les conditions d'utilisation de la soustraction (« je cherche ce qui reste » ou « je cherche une partie d'une collection »), celles de l'addition (« je cherche combien ça fait en tout ») et de l'addition réitérée (« je cherche combien ça fait en tout et c'est une collection répétée plusieurs fois »).

– Rappeler que les problèmes de groupement et de partage doivent pour le moment être résolus avec des jetons.

La période 3 a permis d'entraîner les procédures connues, mais aucune nouvelle procédure n'a été enseignée. La fiche outil n°2 reste valide.

Rappeler que l'addition est utilisée pour trouver un nombre plus grand et la soustraction pour trouver un nombre plus petit.

Outil pour apprendre à choisir la bonne opération - CE1/n°2

Je cherche **combien il reste.**	Je cherche **combien ça fait en tout. Les collections sont différentes.**	Je cherche **combien ça fait en tout. Un nombre est répété plusieurs fois.**	Je cherche **combien ça fait pour chacun. C'est un partage.**
Alexandre avait 25 billes. À la récréation, il en a perdu 12. *Combien lui reste-t-il de billes après la récréation ?*	Hier, Emna a gagné 13 billes à la récréation du matin et 12 à celle de l'après-midi. *Combien a-t-elle gagné de billes dans la journée ?*	Aline a gagné 4 sacs de 6 billes. *Combien a-t-elle gagné de billes en tout ?*	Arthur a 21 billes. Il les partage avec Paul et Léa. *Combien chacun aura-t-il de billes ?*
J'écris et je calcule 25 – 12 réponse : Il lui reste *13 billes.*	**J'écris et je calcule** 13 + 12 réponse : Elle a gagné *25 billes.*	**J'écris et je calcule** 6 + 6 + 6 + 6 réponse : Elle a gagné *24 billes.*	7 7 7 réponse : Chacun aura *7 billes.*
Je cherche **une partie d'une collection.**			Je cherche **combien ça fait de groupes. C'est un groupement.**
Lucas a un sac de 28 billes. Dans le sac, il y a 17 billes rouges et les autres sont bleues. *Combien y a-t-il de billes bleues dans le sac ?*			Paul a 20 billes. Pour les offrir à ses amis, il a rempli plusieurs sacs de 5 billes. *Combien a-t-il fait de sacs ?*
J'écris et je calcule 28 – 17 réponse : Il y a *11 billes bleues.*			5 5 5 5 réponse : Il a fait *4 sacs.*
Ce sont des problèmes de **SOUSTRACTION**	C'est un problème d'**ADDITION**	C'est un problème de **MULTIPLICATION**	Ce sont des problèmes de **DIVISION**

Cette fiche outil est ici utilisée pour faciliter le rappel collectif des savoirs et des savoir-faire acquis ou en cours d'acquisition.

Elle peut aussi être utilisée conjointement par l'enseignant et l'élève pendant la phase d'entraînement individuel, pour favoriser la reconnaissance de la procédure appropriée pour résoudre le problème en cours.

Fiche outil n°2 ou poster 11

2. Entraînement individuel

- Distribuer la fiche photocopiée « Les métiers ».

Série A

Période 3
Séquence 9 / Résoudre des problèmes relevant des 4 opérations • S'entraîner   Séance 9A

Nom :
Date :

Catégorie n°1 J'enlève et je cherche combien il reste.	Catégorie n°2 Ce sont plusieurs collections différentes ou c'est une collection qui augmente et je cherche combien ça fait en tout.	Catégorie n°4 Ce sont plusieurs collections identiques et je cherche combien ça fait en tout.	Catégorie n°5 Je fais un partage et je cherche combien ça fait pour chacun.
Catégorie n°2 Je cherche combien fait une partie d'une collection.			Catégorie n°6 Je fais des groupes et je cherche combien ça fait de groupes.
↓	↓	↓	↓
Je fais une soustraction	Je fais une addition.	Je fais une addition.	J'utilise les jetons.

Les métiers – série A

Résous les problèmes.

1. • Enzo le pâtissier – Enzo a préparé 89 tartes. À midi, il en a déjà vendu 58.
Combien lui reste-t-il de tartes ?

2. • Ronan le libraire – Ronan a reçu 3 cartons de 12 livres.
Combien a-t-il reçu de livres ?

3. • Léa la charcutière – Léa a coupé 24 tranches de saucisson pour le pique-nique.
Elle va les partager avec Léo et Julie.
Combien chacun aura-t-il de tranches de saucisson ?

4. • Lucie la pharmacienne – Hier, Lucie a vendu 46 boîtes de médicaments le matin
et 68 boîtes l'après-midi.
Combien a-t-elle vendu de boîtes de médicaments hier ?

5. • Sofiane le boulanger – Sofiane a préparé 30 croissants.
Puis, il les a mis dans des sachets de 5.
Combien a-t-il fait de sachets ?

6. • Robin le médecin – Robin doit voir 50 malades aujourd'hui.
Il va voir 14 enfants et les autres malades sont des adultes.
Combien doit-il voir d'adultes ?

7. • Ugo le fleuriste – La semaine dernière, Ugo a vendu 5 bouquets chaque jour.
Combien a-t-il vendu de bouquets ?

8. • Louis le marchand de fruits – Louis a 60 caisses de fruits dans son camion.
Il y a 34 caisses de pommes et les autres caisses sont des caisses de poires.
Combien a-t-il de caisses de poires dans son camion ?

9. • Orane la fermière – Orane amène ses 28 moutons dans les prés.
Elle a deux prés et elle veut mettre autant de moutons dans chacun des deux prés.
Combien doit-elle mettre de moutons dans chaque pré ?

10. • Joris le serveur – Au restaurant, le patron a dit à Joris de débarrasser
les 37 tables qui ont été utilisées pour le déjeuner. Joris en a déjà débarrassé 18.
Combien lui reste-t-il de tables à débarrasser ?

Série B

Période 3
Séquence 9 / Résoudre des problèmes relevant des 4 opérations • S'entraîner   Séance 9A

Nom :
Date :

Catégorie n°1 J'enlève et je cherche combien il reste.	Catégorie n°2 Ce sont plusieurs collections différentes ou c'est une collection qui augmente et je cherche combien ça fait en tout.	Catégorie n°4 Ce sont plusieurs collections identiques et je cherche combien ça fait en tout.	Catégorie n°5 Je fais un partage et je cherche combien ça fait pour chacun.
Catégorie n°2 Je cherche combien fait une partie d'une collection.			Catégorie n°6 Je fais des groupes et je cherche combien ça fait de groupes.
↓	↓	↓	↓
Je fais une soustraction	Je fais une addition.	Je fais une addition.	J'utilise les jetons.

Les métiers – série B

Résous les problèmes.

1. • Enzo le pâtissier – Enzo a préparé 84 tartes. À midi, il en a déjà vendu 37.
Combien lui reste-t-il de tartes ?

2. • Ronan le libraire – Ronan a reçu 2 cartons de 14 livres.
Combien a-t-il reçu de livres ?

3. • Léa la charcutière – Léa a coupé 18 tranches de saucisson pour le pique-nique.
Elle va les partager avec Léo et Julie.
Combien chacun aura-t-il de tranches de saucisson ?

4. • Lucie la pharmacienne – Hier, Lucie a vendu 52 boîtes de médicaments le matin
et 59 boîtes l'après-midi.
Combien a-t-elle vendu de boîtes de médicaments hier ?

5. • Sofiane le boulanger – Sofiane a préparé 28 croissants.
Puis, il les a mis dans des sachets de 4.
Combien a-t-il fait de sachets ?

6. • Robin le médecin – Robin doit voir 45 malades aujourd'hui.
Il va voir 16 enfants et les autres malades sont des adultes.
Combien doit-il voir d'adultes ?

7. • Ugo le fleuriste – La semaine dernière, Ugo a vendu 3 bouquets chaque jour.
Combien a-t-il vendu de bouquets ?

8. • Louis le marchand de fruits – Louis a 48 caisses de fruits dans son camion.
Il y a 25 caisses de pommes et les autres caisses sont des caisses de poires.
Combien a-t-il de caisses de poires dans son camion ?

9. • Orane la fermière – Orane amène ses 22 moutons dans les prés.
Elle a deux prés et elle veut mettre autant de moutons dans chacun des deux prés.
Combien doit-elle mettre de moutons dans chaque pré ?

10. • Joris le serveur – Au restaurant, le patron a dit à Joris de débarrasser
les 34 tables qui ont été utilisées pour le déjeuner. Joris en a déjà débarrassé 15.
Combien lui reste-t-il de tables à débarrasser ?

- Faire lire les rappels situés en haut de la fiche : les 6 catégories en jeu au cours de cette séance.

- Faire lire la consigne *(Résous les problèmes.)*

- Résolution des problèmes.
Chaque élève résoudra le plus possible de problèmes **dans le temps imparti**.

La série de problèmes est prévue en deux versions différant uniquement pour les données numériques.

🔘 **Les métiers**

Remarque : cette séance est une séance d'entraînement, pas une évaluation. L'enseignant aide les élèves qui en éprouvent le besoin.

Les élèves les plus performants peuvent être autonomes, ne sollicitant l'aide de l'adulte que de manière ponctuelle.

Séquence **10**

Consolider les procédures

– La rédaction est complémentaire de la résolution ; elle favorise une meilleure compréhension des problèmes par les élèves. Elle contraint ceux-ci à un changement de point de vue et les met dans la situation de « celui qui possède l'information que les autres n'ont pas ».

– La rédaction de problèmes est encore plus efficace si elle est effectuée à partir d'une consigne imposant une catégorie. Elle conduit alors les élèves à s'approprier les caractéristiques de la catégorie ciblée.

– La rédaction d'un problème relève aussi du domaine « Écriture » du cycle des apprentissages fondamentaux. Elle doit en adopter les exigences relatives à la syntaxe, au lexique et à l'orthographe. À cette période du CE1, les élèves sont capables de concevoir et de rédiger un court texte.

– En parallèle, l'entraînement à la résolution des problèmes simples se poursuit. Associé aux activités de rédaction, il favorise l'automatisation du choix de l'opération, tout en constituant un temps de remédiation pour les élèves les plus fragiles.

Objectifs de la séquence

– Automatiser l'utilisation de la soustraction pour résoudre les problèmes de recherche d'un reste dans les problèmes de diminution et de recherche d'une partie d'un tout.

– Automatiser l'utilisation de l'addition pour les problèmes de recherche du tout lors de la réunion de collections et de recherche du tout dans les problèmes d'augmentation.

Plan de la séquence

Elle est constituée de 3 séances :
– séance 10A : Problèmes de soustraction : recherche d'un reste ;
– séance 10B : Problèmes de soustraction : recherche d'une partie d'un tout ;
– séance 10C : Problèmes de multiplication.

Chaque séance est composée de 2 phases :
1. rédaction d'un problème ;
2. résolution de problème simples.

Matériel

Affichages collectifs

Séances 10A, 10B, 10C : fichiers à vidéoprojeter ou A4 à imprimer (CD-Rom).
Pour préparer la rédaction de problèmes (identification des structures des problèmes à rédiger) :
– séance 10A : Rédaction 1 soustraction reste ;
– séance 10B : Rédaction 2 soustraction partie ;
– séance 10C : Rédaction 3 addition réitérée ;

Fiches individuelles à photocopier

– Séance 10A : Julie jardine (1)
– Séance 10B : Julie jardine (2)
– Séance 10C : Julie jardine (3)

Problèmes de soustraction : recherche d'un reste

Séance 10A

1re phase : identification collective de la structure d'un problème, puis rédaction individuelle — **35 min**

2e phase : résolution individuelle (entraînement) — **20 min**

1. Présentation de la séance

● Annoncer aux élèves que la séance sera composée de 2 parties, qu'ils vont d'abord rédiger un problème de soustraction, puis s'entraîner à résoudre des problèmes.

1re phase

2. Identification de la structure du problème à rédiger

● Présenter côte à côte les 2 pages de l'affichage collectif.

Séquence 10 / Consolider les procédures • Problèmes de soustraction : recherche d'un reste   Période 4   Séance 10A (1/2)

**Comment rédiger
un problème de recherche d'un reste ?**

Alexandre avait 25 billes. À la récréation, il en a perdu 12.
Combien lui reste-t-il de billes ?

Solution :
25 − 12 = 13
Il lui reste 13 billes.

page 1

Le problème est connu des élèves ; le repérage de ses composantes et l'identification de sa structure s'en trouvent facilités.

Présenter les deux pages côte à côte permet de donner un sens concret aux phrases de la page 2.
Ces dernières tendent à généraliser la structure d'un problème de recherche d'un reste.

💿 **10A Rédaction 1
Soustraction Reste**

Séquence 10 / Consolider les procédures • Problèmes de soustraction : recherche d'un reste   Période 4   Séance 10A (2/2)

**Comment rédiger
un problème de recherche d'un reste ?**

Le texte dit combien il y avait en tout.
Le texte dit combien on a enlevé.
La question demande de **chercher
ce qui reste.**

La solution commence par l'écriture
et le calcul de la soustraction.
Elle se termine par l'écriture
de la phrase réponse.

page 2

● Faire lire le problème, puis les 3 phrases de la page 2 définissant la structure d'un problème de recherche d'un reste.

● Faire reformuler les phrases par les élèves, à partir de questions :
« Les 25 billes, qu'est-ce que c'est ?
– C'est ce qu'il y avait en tout. »
« Les 12 billes, qu'est-ce que c'est ?
– C'est ce qu'on enlève. »

« La question, que demande-t-elle ?
– Elle demande combien il lui reste. »

● Faire lire la solution du problème, ainsi que les deux phrases du bas de la page 2 qui rappellent de quoi est composée la solution d'un problème.

● Distribuer la fiche photocopiée « Julie jardine 1 ».

Ce rappel trouve sa justification dans la consigne de rédaction. Chaque élève va devoir rédiger un problème, et la solution de ce problème.

◄······ 💿 **Julie jardine (1)**

● Lecture de la consigne : « *Tu vas inventer et rédiger un problème de recherche d'un reste. Tu vas aussi écrire la solution de ton problème.* » Rappeler que le problème devra être un problème de soustraction, de recherche d'un reste.

● Demander aux élèves de penser « dans leur tête » au problème qu'ils vont rédiger.

● Inciter les élèves à proposer quelques idées et les faire valider à l'aide de l'affichage collectif.

Ce temps de planification est important ; il vise à faciliter le travail d'écriture *(on écrit plus facilement quand on sait ce qu'on va écrire)*.

On encouragera les élèves qui n'ont pas d'idée à s'inspirer de celles de leurs pairs ou de l'exemple.

3. Rédaction individuelle

● Faire rédiger le problème et sa solution respectivement au recto et au verso de la même feuille.

● Faire valider le problème par un pair qui le résout.

● Faire corriger les fautes, puis recopier le problème.

● Organiser quelques échanges de problèmes entre les élèves.

L'enseignant apporte une aide à la mise en mots et à l'écriture, de telle sorte que le 1er jet comporte peu de fautes. Encourager les élèves à utiliser le lexique de problèmes rencontrés lors des séances précédentes.

L'enseignant guide la correction.

Cet échange est important dans le processus de reconnaissance automatique de la catégorie.

2ᵉ phase

4. Résolution individuelle de problèmes simples

● Lecture de la consigne. Rappeler que les opérations disponibles sont l'addition, l'addition réitérée et la soustraction.

● Résolution individuelle des problèmes 1 à 4 en temps limité (pas plus de 5 minutes par problème).

Les deux premiers problèmes sont des recherches d'un reste ; le troisième est un problème d'addition et le dernier un problème de multiplication.

Problèmes de soustraction : recherche d'une partie d'un tout

Séance 10B

1re phase : identification collective de la structure d'un problème, puis rédaction individuelle   **35 min**

2e phase : résolution individuelle (entraînement)   **20 min**

1. Présentation de la séance

- Même procédure que pour la séance 10A.

1re phase

2. Identification de la structure du problème à rédiger

- Présenter côte à côte les 2 pages de l'affichage collectif.

Séquence 10 / Consolider les procédures • Problèmes de soustraction : recherche d'un reste   Période 4   Séance 10B (1)/(2)

Comment rédiger un problème de recherche d'une partie ?

Lucas a un sac de 28 billes. Dans le sac, il y a 17 billes rouges et les autres sont bleues.

Combien y a-t-il de billes bleues dans le sac ?

Solution :
$28 - 17 = 11$
Il y a 11 billes bleues dans le sac.

page 1

> Le groupe *Dans le sac* de la seconde phrase indique que les billes rouges et les billes bleues sont dans les 28 billes de la première phrase. **Les deux phrases du texte du problème parlent de la même collection.**

> 10B Rédaction 2
> Soustraction Partie

Séquence 10 / Consolider les procédures • Problèmes de soustraction : recherche d'un reste   Période 4   Séance 10B (2)/(2)

Comment rédiger un problème de recherche d'une partie ?

Le texte dit combien il y a en tout.
Le texte dit qu'il y a 2 parties.
Le texte dit combien il y a dans une partie.
La question demande de **chercher combien il y a dans l'autre partie.**

La solution commence par l'écriture et le calcul de la soustraction.
Elle se termine par l'écriture de la phrase réponse.

page 2

> La page 2 vise à généraliser la structure d'un problème de recherche d'une partie.

- Faire lire le problème, puis les phrases de la page 2 définissant la structure d'un problème de recherche d'une partie.

- Faire reformuler les phrases par les élèves, à partir de questions :
« Les 28 billes, qu'est-ce que c'est ?
– **C'est le nombre de billes qu'il y a en tout** *dans le sac*. »
« Les 17 billes rouges, qu'est-ce que c'est ?
– **C'est une partie des billes qui sont** *dans le sac*.»
« Les billes bleues, qu'est-ce que c'est ?
– **C'est l'autre partie des billes qui sont** *dans le sac*. »

> Veiller à faire préciser systématiquement « dans le sac ».
> Les reformulations mêlent exemple et généralisation.

« La question, que demande-t-elle ?

– **Elle demande combien il y a de billes dans une des parties. »**

● Faire lire la solution du problème, ainsi que les deux phrases du bas de la page 2 qui rappellent de quoi est composée la solution d'un problème.

● Distribuer la fiche photocopiée « Julie jardine 2 ».

Ce rappel trouve sa justification dans la consigne de rédaction. Chaque élève va devoir rédiger un problème et la solution de ce problème.

Julie jardine (2)

● Lecture de la consigne : « *Tu vas inventer et rédiger un problème de recherche d'une partie. Tu vas aussi écrire la solution de ton problème.* » Rappeler que le problème devra être un problème de soustraction, de recherche d'une partie.

● Demander aux élèves de penser « dans leur tête » au problème qu'ils vont rédiger.

● Inciter les élèves à proposer quelques idées et les faire valider à l'aide de l'affichage collectif.

Ce temps de planification est important ; il vise à faciliter le travail d'écriture *(on écrit plus facilement quand on sait ce qu'on va écrire).*

Les élèves peuvent reprendre la structure de l'exemple.

3. Rédaction individuelle

● Le déroulement est identique à celui de la même phase de la séance 10A.

2e phase

4. Résolution individuelle de problèmes simples

● Lecture de la consigne. Rappeler que les opérations disponibles sont l'addition, l'addition réitérée et la soustraction.

● Résolution individuelle des problèmes 1 à 4 en temps limité (pas plus de 5 minutes par problème).

La série est composée de deux problèmes de soustraction (une recherche d'un reste et une recherche d'une partie), d'un problème d'addition et d'un problème de multiplication.

Problèmes de multiplication

Séance 10C

1re phase : identification collective de la structure d'un problème,
puis rédaction individuelle — **35 min**

2e phase : résolution individuelle (entraînement) — **20 min**

1. Présentation de la séance

- Même procédure que pour la séance 10A.

1re phase

2. Identification de la structure du problème à rédiger

- Présenter côte à côte les 2 pages de l'affichage collectif.

Séquence 10 / Consolider les procédures • Rédiger un problème de multiplication
Période 4
Séance 10C (1/2)

Comment rédiger
un problème de multiplication ?

Aline a gagné **4 sacs de 6 billes.**
Combien a-t-elle gagné de billes en tout ?

Solution :
6 + 6 + 6 + 6 = 24
Elle a gagné 24 billes.

page 1

> Les deux informations numériques (4 sacs et 6 billes) sont dans le même groupe nominal. C'est une particularité des problèmes de multiplication.
>
> La phrase *Aline a gagné 4 sacs de 6 billes* peut être reformulée au tableau en *Aline a gagné 4 sacs de billes. Dans chaque sac, il y a 6 billes.*

⊙ **10C Rédaction 3
Addition Réiterée**

Séquence 10 / Consolider les procédures • Rédiger un problème de multiplication
Période 4
Séance 10C (2/2)

Comment rédiger
un problème de multiplication ?

Le texte dit combien il y a dans la collection et le nombre de collections identiques.
La question demande de **chercher combien il y a en tout.**

La solution commence par l'écriture et le calcul de l'addition réitérée.
Elle se termine par l'écriture de la phrase réponse.

page 2

> La page 2 vise à généraliser la structure d'un problème de multiplication.

- Lecture du problème, puis des phrases de la page 2 définissant la structure d'un problème de multiplication.

- Faire reformuler les phrases par les élèves, à partir de questions :
« Les 6 billes, qu'est-ce que c'est ?
– C'est le nombre de billes qu'il y a *dans un sac*. »
« Les 4 sacs, qu'est-ce que c'est ?
– C'est le nombre de sacs ; il y a 4 collections identiques.
C'est le nombre de collections identiques.»
« La question, que demande-t-elle ?
– Elle demande combien il y a de billes en tout. »

> La structure d'un problème de multiplication peut avoir plusieurs formulations :
> – Dans l'exemple, ce sont *plusieurs collections identiques.*
> – Dans d'autres problèmes de multiplication, *c'est une mesure qui est répétée plusieurs fois* (ex. : *Julie effectue 4 tours d'un parcours de 2 km.*).

- Faire lire la solution du problème, ainsi que les deux phrases du bas de la page 2 qui rappellent de quoi est composée la solution d'un problème.

- Distribuer la fiche photocopiée « Julie jardine 3 ».

Ce rappel trouve sa justification dans la consigne de rédaction. Chaque élève va devoir rédiger un problème et la solution de ce problème.

Julie jardine (3)

- Lecture de la consigne : « *Tu vas inventer et rédiger un problème de multi-plication. Tu vas aussi écrire la solution de ton problème.* »

- Demander aux élèves de penser « dans leur tête » au problème qu'ils vont rédiger.

- Inciter les élèves à proposer quelques idées et les faire valider à l'aide de l'affichage collectif.

3. Rédaction individuelle

- Le déroulement est identique à celui de la même phase de la séance 10B.

Les élèves éprouvent des difficultés à produire des formules du type *2 paquets de 12 ou 6 groupes de 4*.
On peut en dresser collectivement une liste au tableau.

2e phase

4. Résolution individuelle de problèmes simples

- Lecture de la consigne. Rappeler que les opérations disponibles sont l'addi-tion, l'addition réitérée et la soustraction.

- Résolution individuelle des problèmes 1 à 4 en temps limité (pas plus de 5 minutes par problème).

La série est composée d'un problème de soustraction (une recherche d'un reste), d'un problème d'addition et de deux problèmes de multiplication.

Apprendre une procédure numérique

– Les groupements et les partages sont des situations différentes, la manipulation l'a montré. Mais au cycle 3, il faudra pourtant que les élèves apprennent à utiliser la même opération pour les deux catégories.

– L'apprentissage de procédures numériques utilisant l'addition et la soustraction pour résoudre les problèmes de ces deux catégories est une étape vers l'apprentissage de la procédure experte.

– Ces procédures numériques permettront aux élèves d'en finir avec la manipulation de jetons.

– On ne traite ici que des problèmes de groupement et de partage particuliers, ceux ayant un reste égal à 0. L'ensemble des problèmes de division, donc incluant les partages et groupements avec reste égal ou différent de 0, sera abordé au cours de la période 5.

Objectifs de la séquence

– Utiliser l'addition réitérée pour résoudre les problèmes de groupement.

– Faire un arbre de calcul utilisant l'addition et la soustraction pour résoudre les problèmes de partage.

Plan de la séquence

Elle est constituée d'une séance :
Les problèmes de division (1).
La séance est composée de 2 phases :
la 1re est consacrée aux problèmes
de groupement, la 2e aux problèmes
de partage.

Matériel

Affichages collectifs

Séance 11A : une présentation PowerPoint
(groupements et partages) ou posters 14
et 15, permettant de modéliser la résolution
d'un problème de groupement et celle
d'un problème de partage

ou **posters 14** et **15**

Fiches individuelles à photocopier

Série de 3 problèmes de groupement,
puis de 3 problèmes de partage,
suivie de problèmes supplémentaires :
Séance 11A : Les groupements et les partages

Problèmes de division (1)

1re phase : modélisation de la résolution d'un problème
de groupement, puis application individuelle — **35 min**

2e phase : modélisation de la résolution d'un problème de partage,
puis application individuelle — **20 min**

1. Présentation de la séance

• Annoncer aux élèves que la séance sera consacrée aux problèmes de **division**, c'est-à-dire aux problèmes de **groupement** et aux problèmes de **partage**.

• Leur préciser qu'ils vont apprendre à résoudre ces problèmes par le calcul.

• Démarrer la présentation PowerPoint avec la diapositive 1 qui rappelle l'objectif de la séance.

> Pour ce rappel, on peut utiliser la fiche outil n°2.

1re phase

2. Modélisation de la résolution d'un problème de groupement

• Passer la diapositive 2. Faire lire l'énoncé du problème.
Laura a 24 sucettes. Elle prépare des sachets de 4 sucettes.
Combien lui faut-il de sachets ?

> C'est un problème qui n'a jamais été résolu, ce n'est pas le problème de référence qui figure sur la fiche outil.

diapositive 2

• Demander aux élèves comment ils feraient pour résoudre le problème avec les jetons.
Réponse attendue : « Je prendrais 24 jetons, puis je ferais des paquets de 4 » ou « Je ferais des paquets de 4 jusqu'à avoir 24 jetons. »

> Au CE1, pour les problèmes de groupement, la procédure numérique est une addition réitérée.
> Au cycle 3, lorsque la connaissance des répertoires le permettra, la multiplication se substituera à elle.

• Projeter la suite (diapositive 3) pour valider la proposition des élèves. Attirer leur attention sur la lecture du résultat : « Ce n'est pas le résultat du calcul (le nombre 24) qui répond à la question. »

> Il faut insister sur la nécessité de relire systématiquement la question avant d'écrire la réponse, pour s'assurer qu'on répond à la bonne question.

diapositive 3

• Demander aux élèves s'ils ont déjà trouvé quel calcul pourrait remplacer la manipulation.

• Valider la proposition ou répondre à la question en projetant la diapositive 4.

• Insister à nouveau sur la lecture de la réponse dans le calcul : « Chaque nombre 4 correspond à un sachet. Il y a 6 fois le nombre 4, donc 6 sachets. »

> Si la bonne réponse n'est pas proposée rapidement, on la donne sans tarder afin de ne pas dériver vers un jeu de devinette.

> Faire remarquer que la réponse est 6, alors que le nombre 6 n'est pas écrit dans le calcul.

3. Application individuelle

● Distribuer la fiche photocopiée « Les groupements et les partages ».

⤑ ● **Les groupements et les partages**

● Lecture du cadre rappelant ce qui vient d'être présenté.

● Résolution individuelle des problèmes 1 à 3.
Les problèmes 1 à 3 sont des groupements. La résolution de ces 3 problèmes permet de familiariser les élèves avec la procédure, avant qu'elle soit confrontée avec celle du partage.

> Cette phase est un temps de l'apprentissage. L'enseignant apporte donc son aide aux élèves qui en manifestent le besoin.

2ᵉ phase

4. Modélisation de la résolution d'un problème de partage

● Présenter la diapositive 5. Elle sert de transition et annonce le passage aux problèmes de partage.

● Passer à la diapositive 6. Faire lire l'énoncé du problème et attirer l'attention sur la deuxième phrase qui détermine le nombre de parts.
Laura a 36 sucettes. Elle les partage avec Pablo et Éléa.
Combien chacun va-t-il avoir de sucettes ?

> C'est un problème qui n'a jamais été résolu, ce n'est pas le problème de référence qui figure sur la fiche outil.

diapositive 6

> Au CE1, la procédure numérique de partage est un arbre de calcul qui va amener les élèves à utiliser l'addition et la soustraction.

● Demander aux élèves comment ils feraient pour résoudre le problème avec les jetons.
Réponse attendue : « Je prendrais 36 jetons, puis je les distribuerais à Laura, Pablo et Éléa ».

● Demander s'il faudrait obligatoirement distribuer 1 par 1, car « distribuer 36, ça prendrait du temps. »

> La quantité à partager est choisie pour favoriser l'utilisation du calcul :
> – pour déterminer ce qui a déjà été distribué ;
> – pour déterminer le reste intermédiaire.
> On se rapproche ainsi de la technique de la division posée, qui sera enseignée au cycle 3.

Remarque : distribuer 1 par 1 correspondrait à un dénombrement de 1 à 36. Distribuer 10 par 10 permet de calculer avec les multiples de 10 : « On donne 10 à chacun ; il va en rester 6. Puis on distribue ce qui reste en donnant 2 à chacun. »

● Projeter la manipulation pour valider les propositions et faire visualiser la procédure de distribution 10 par 10, puis 2 par 2.

● Passer à la diapositive 7. La projeter complètement en laissant les élèves visualiser l'ensemble.

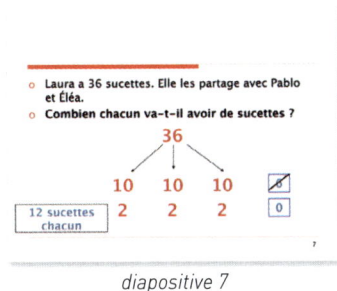

diapositive 7

● Reprendre et décrire les différentes étapes, l'une après l'autre :
– écrire le nombre à partager ;
– tracer le nombre de traits correspondant au nombre de parts ;
– commencer la distribution en donnant la même quantité à chacun ;
– calculer et écrire le reste intermédiaire sur le côté ;
– finir la distribution, barrer le reste intermédiaire et écrire ce qui reste à la fin du partage.

● Projeter la diapositive 8 qui précise ce qu'il faut écrire sur le cahier lors de la résolution d'un problème de partage.

5. Application collective, puis individuelle

● Reprendre la fiche photocopiée (Les groupements et les partages). Faire lire le cadre rappelant ce qui vient d'être présenté.

● Résoudre collectivement le problème 4, en prenant le temps de bien modéliser la présentation :
– écrire le nombre 44 au milieu de la ligne ;
– tracer 4 flèches pour les 4 parts ;
– donner d'abord 10 à chacun (après avoir vérifié que c'était possible) ;
– écrire le reste intermédiaire ;
– donner 1 à chacun pour finir le partage, barrer le reste intermédiaire, puis écrire qu'il reste 0 à la fin du partage.

● Faire résoudre individuellement les problèmes 5 et 6 qui sont tous les deux des partages.

● Les problèmes supplémentaires 7 à 9 mêlent groupements et partages.

La procédure de manipulation n'impose pas de calculer un reste intermédiaire... On constate qu'il reste 6, donc on distribue ce qui reste.

La présentation de l'arbre ressemble à ce qui a été observé lors de la manipulation.

L'écriture du reste intermédiaire n'apparaît pas indispensable avec les données numériques de ce problème, mais elle permet de familiariser les élèves avec la nécessité d'exercer un contrôle permanent sur ce qui reste.

Le guidage est nécessaire pour ce premier problème car la procédure comporte plusieurs étapes.
Les élèves se les approprient dans le cadre de la résolution accompagnée d'un exemple.
Cette phase est un temps de l'apprentissage. L'enseignant apporte donc son aide aux élèves qui en manifestent le besoin.

Une nouvelle séance sur les groupements et partages est prévue en période 5.

Apprendre une procédure experte

– La bonne utilisation de la multiplication dans les problèmes dépend de 2 facteurs : la reconnaissance des situations et la maîtrise des calculs.

– Les problèmes de multiplication et les problèmes d'addition doivent être comparés pour mettre en évidence ce qui les rassemble et ce qui les différencie.

– L'utilisation de la multiplication doit permettre de gagner en rapidité. Les données numériques doivent donc être adaptées afin d'éviter que les élèves trouvent refuge dans l'écriture de l'addition réitérée. En effet, les calculs font appel à la connaissance des répertoires et au CE1, celle-ci est encore limitée aux tables de 2 et 5, vraiment « mobilisables » par les élèves, et aux tables de 3 et 4, en voie d'acquisition.

Objectifs de la séquence

– Reconnaître les problèmes de multiplication.

– Utiliser la procédure experte pour résoudre les problèmes de multiplication.

Plan de la séquence

Elle est constituée d'une séance :
Les problèmes de multiplication.

Matériel

Affichages collectifs

ou poster 16

Séance 12A : une présentation PowerPoint (Multiplication) ou poster 16 permettant de modéliser la résolution d'un problème de multiplication et de comparer le problème avec un problème d'addition.

Fiches individuelles à photocopier

Série de 6 problèmes, suivie de problèmes supplémentaires :
Séance 12A : Julie à la fête foraine

Problèmes de multiplication : écriture de la multiplication

Séance 12A

Modélisation de la résolution d'un problème de multiplication, puis application individuelle

50 min

1. Présentation de la séance

- Annoncer aux élèves que la séance sera consacrée aux problèmes de **multiplication**.

- Leur préciser qu'à partir de ce jour, ils devront résoudre ces problèmes avec la multiplication.

- Démarrer la présentation PowerPoint avec la diapositive 1 qui rappelle l'objectif de la séance.

> Pour ce rappel, on peut utiliser la fiche outil n°2.

2. Modélisation de la résolution d'un problème de multiplication

- Passer la diapositive 2. Lecture de l'énoncé du problème.
Cécile a 5 paquets de 20 images.
Combien a-t-elle d'images ?

- Demander aux élèves quelle addition réitérée on peut écrire pour résoudre ce problème.

- Projeter le calcul de la diapositive 2.

> C'est un problème qui n'a jamais été résolu, ce n'est pas le problème de référence qui figure sur la fiche outil.

diapositive 2

o Cécile a 5 paquets de 20 images.
o **Combien a-t-elle d'images ?**

le calcul :
20 + 20 + 20 + 20 + 20

diapositive 3

o Cécile a 5 paquets de 20 images.
o **Combien a-t-elle d'images ?**

o Je réunis 5 collections identiques.
o Je cherche combien ça fait en tout.
o C'est **un problème de multiplication**.

> La diapositive 2 est un exemple.

> 12A Multiplication

- Présenter la diapositive 3 et la faire lire.

- Donner d'autres exemples appartenant à la catégorie :
– « J'ai 4 paquets de 6 images. *Combien ai-je d'images ?*
Il y a 4 collections identiques et je cherche combien ça fait en tout.
– J'ai 2 boîtes de 36 jetons. *Combien ai-je de jetons ?*
Il y a 2 collections identiques et je cherche combien ça fait en tout.
– Il y a 5 classes de 28 élèves. *Combien y a-t-il d'élèves ?*
Il y a 5 collections identiques et je cherche combien ça fait en tout. »

> La diapositive 3 permet de généraliser. Elle rappelle les 2 caractéristiques de la catégorie et les relie à l'opération.

- Projeter les diapositives 4 et 5 qui permettent de visualiser l'écriture de la multiplication (20 x 5), puis de son résultat (20 x 5 = 100).

o Cécile a 5 paquets de 20 images.
o **Combien a-t-elle d'images ?**

le calcul :
20 x 5 = 100

diapositive 5

> Il faut habituer les élèves à dissocier le temps d'écriture de l'opération (sans signe =) de celui de la production du résultat (avec écriture du signe =) car le signe = ne peut être utilisé qu'entre deux quantités ou mesures.

● Passer à la diapositive 6 qui rappelle la présentation de la solution d'un problème.

● Projeter la diapositive 7 qui annonce la comparaison avec un problème d'addition.

Présenter les diapositives 8 et 9. Elles permettent la comparaison du problème de multiplication avec un problème d'addition. Elles énoncent leur point commun et leur différence.

Les problèmes de la série font uniquement appel à la connaissance des répertoires ; la solution projetée n'intègre pas de calcul posé.

Pour favoriser la comparaison, le problème d'addition ressemble à celui de multiplication étudié précédemment.

o **Cécile a un paquet de 20 images et un autre de 5 images.**
o **Combien a-t-elle d'images ?**

o Je réunis des collections différentes.
o Je cherche combien ça fait en tout.
o C'est **un problème d'addition.**

diapositive 8

o **Cécile a un paquet de 20 images et un autre de 5 images.**
o **Combien a-t-elle d'images ?**

le calcul :
20 + 5 = 25

diapositive 9

3. Application individuelle

● Distribuer la fiche photocopiée « Julie à la fête foraine ».

La série est composée de 4 problèmes de multiplication et 2 problèmes d'addition.

Julie à la fête foraine

Faire lire les deux cadres rappelant ce qui vient d'être présenté.

● Résolution individuelle des problèmes 1 à 6.

4 problèmes supplémentaires sont proposés.

Séquence **13**

Synthèse : Utiliser une procédure appropriée

– De nouvelles procédures de résolution ont été enseignées au cours de la période : des procédures numériques pour les problèmes de division, la procédure experte pour les problèmes de multiplication.

– Elles ont été enseignées et appliquées lors de séances facilitant la reconnaissance des catégories de problèmes. Il faut maintenant apprendre à les mettre en œuvre dans un cadre plus large. Cette fois, l'entraînement concerne les 6 catégories.

– L'entraînement étant une phase de l'apprentissage, il vise à faire progresser les élèves, notamment grâce aux aides apportées par l'enseignant pour reconnaître la catégorie d'un problème.

– Un temps de synthèse collective des savoirs et des savoir-faire le précède. Il s'appuie sur la présentation de la fiche outil actualisée (fiche outil n°3).

Objectifs de la séquence

Utiliser une procédure appropriée.

– Pour résoudre des problèmes d'addition, de soustraction et de multiplication : utiliser la procédure experte.

– Pour résoudre des problèmes de division : mettre en œuvre une procédure numérique.

Plan de la séquence

La séquence est constituée d'une séance commençant par la synthèse des savoirs et savoir-faire enseignés, puis se poursuivant par un entraînement individuel.

Matériel

Affichages collectifs

Une fiche outil de catégorisation des problèmes (fiche outil n°3) ou poster 17. **ou poster 17**

Fiches individuelles à photocopier

La série est composée de 10 problèmes : Séance 13A : Chez Lino

Résolution de problèmes relevant des 6 catégories en utilisant la procédure appropriée

Séance 13A

Présentation collective de la fiche outil n°3,
puis entraînement individuel

50 min

1. Synthèse : présentation collective de la fiche outil n°3

• Annoncer aux élèves qu'ils vont s'entraîner à résoudre des problèmes des 6 catégories connues.

• Présenter l'affichage : la fiche outil n°3 (PDF CD-Rom ou poster).

• La faire lire par les élèves.

Rappeler les conditions d'utilisation :

– de la soustraction (« je cherche ce qui reste » ou « je cherche une partie d'une collection ») ;

– de l'addition (« je cherche combien ça fait en tout et les collections sont différentes ») ;

– de la multiplication (« je cherche combien ça fait en tout et c'est une collection répétée plusieurs fois »).

Rappeler que pour les groupements on va utiliser l'addition réitérée, et pour les partages faire un arbre de calcul.

La fiche outil est une version mise à jour de la fiche outil n°2. Les évolutions concernent uniquement les procédures de résolution.

Cette fiche outil est ici utilisée pour faciliter le rappel collectif des savoirs et des savoir-faire acquis ou en cours d'acquisition.

Elle peut aussi être utilisée conjointement par l'enseignant et l'élève pendant la phase d'entraînement individuel, pour favoriser la reconnaissance de la procédure appropriée pour résoudre le problème en cours.

Fiche outil n°3 ou poster 17

Outil pour apprendre à choisir la bonne opération - CE1/n°3

Je cherche **combien il reste.**	Je cherche **combien ça fait en tout.** **Les collections sont différentes.**	Je cherche **combien ça fait en tout.** **Un nombre est répété plusieurs fois.**	Je cherche **combien ça fait pour chacun.** **C'est un partage.**
Alexandre avait 25 billes. À la récréation, il en a perdu 12. *Combien lui reste-t-il de billes après la récréation ?*	Hier, Emna a gagné 13 billes à la récréation du matin et 12 à celle de l'après-midi. *Combien a-t-elle gagné de billes dans la journée ?*	Aline a gagné 4 sacs de 6 billes. *Combien a-t-elle gagné de billes en tout ?*	Arthur a 21 billes. Il les partage avec Paul et Léa. *Combien chacun aura-t-il de billes ?*
J'écris et je calcule 25 – 12 réponse : Il lui reste *13 billes.*	**J'écris et je calcule** 13 + 12 réponse : Elle a gagné *25 billes.*	**J'écris et je calcule** 6 x 4 réponse : Elle a gagné *24 billes.*	**J'écris** *reste* 0 7 7 7 (21) réponse : Chacun aura *7 billes.*
Je cherche **une partie d'une collection.**			Je cherche **combien ça fait de groupes.** **C'est un groupement.**
Lucas a un sac de 28 billes. Dans le sac, il y a 17 billes rouges et les autres sont bleues. *Combien y a-t-il de billes bleues dans le sac ?*			Paul a 20 billes. Pour les offrir à ses amis, il a rempli plusieurs sacs de 5 billes. *Combien a-t-il fait de sacs ?*
J'écris et je calcule 28 – 17 réponse : Il y a *11 billes bleues.*			**J'écris et je calcule** 5 + 5 + 5 + 5 réponse : Il a rempli *4 sacs.*
Ce sont des problèmes de **SOUSTRACTION**	C'est un problème d'**ADDITION**	C'est un problème de **MULTIPLICATION**	Ce sont des problèmes de **DIVISION**

2. Entraînement individuel

● Distribuer la fiche photocopiée « Chez Lino ».

Chez Lino

● Faire lire les rappels situés en haut de la fiche (les 6 catégories en jeu) au cours de cette séance.

● Faire lire la consigne (*Retrouve à quelle catégorie appartient chaque problème. Écris le numéro de cette catégorie dans la case, puis, résous le problème.*)

● Faire résoudre les problèmes.
Chaque élève résoudra le plus possible de problèmes dans le temps imparti.

Cette séance est une séance d'entraînement, pas une évaluation. L'enseignant aide les élèves qui en éprouvent le besoin, notamment pour retrouver le numéro de la catégorie d'un problème.

Les élèves les plus performants peuvent être autonomes, ne sollicitant l'aide de l'adulte que de manière ponctuelle.

Apprendre une procédure numérique

– La division est une opération particulière puisque son résultat est composé de deux nombres, le quotient et le reste. Or les problèmes traités au cours des périodes précédentes avaient tous un reste nul, partages et groupements se terminant lorsqu'« il ne restait plus rien ». L'écriture du reste dans le résultat n'apparaissait donc pas nécessaire.

– La division avec un reste nul constitue un cas particulier, le plus fréquent étant celui d'un reste différent de 0. Il convient de passer maintenant au cas général, avec écriture systématique du reste.

– Les procédures numériques de groupement et de partage restent inchangées ; elles doivent être consolidées.

Objectifs de la séquence

Utiliser l'addition réitérée pour résoudre les problèmes de groupement avec reste non nul.

Faire un arbre de calcul utilisant l'addition et la soustraction pour résoudre les problèmes de partage avec reste non nul.

Plan de la séquence

Elle est constituée d'une séance :
Les problèmes de division (2).

Matériel

Affichages collectifs

Séance 14A : une présentation PowerPoint ou posters 18 et 19 permettant de modéliser la résolution d'un problème de groupement et celle d'un problème de partage avec reste non nul.

ou **posters 18** et **19**

Fiches individuelles à photocopier

Série de 6 problèmes, suivie de problèmes supplémentaires :
Séance 14A : Les groupements et les partages avec un reste différent de 0

Problèmes de division (2)

Séance 14A
50 min

Modélisation de la résolution d'un problème de groupement
et d'un problème de partage avec reste non nul, puis application individuelle

1. Présentation de la séance

● Annoncer aux élèves que la séance sera consacrée aux problèmes de **division**, c'est-à-dire aux problèmes de **groupement** et aux problèmes de **partage**.

● Démarrer la présentation PowerPoint avec la diapositive 1 qui rappelle l'objectif de la séance.

2. Modélisation de la résolution d'un problème de groupement

● Passer à la diapositive 2.

Laura a 34 sucettes. Elle remplit des sachets de 4 sucettes. Elle garde pour elle les sucettes qui restent.

Combien remplit-elle de sachets ?
Lui reste-t-il des sucettes ?

● Faire lire le problème et faire remarquer qu'il faut répondre à 2 questions.

● Demander aux élèves comment calculer le nombre de sachets.

Réponse attendue : « On compte de 4 en 4 jusqu'à avoir 34. » ou « On ajoute des 4 jusqu'à ce qu'on arrive à 34. »

● Faire effectuer ce calcul par les élèves, sur le cahier de brouillon.

● Corriger collectivement pour attirer l'attention sur les 2 sucettes qui restent et sur la manière de l'écrire dans le calcul.

« Avec des 4, on arrive à 32. On rajoute les 2 qui restent pour que ça fasse 34. »

● Valider la réponse 8 sachets en projetant la fin de la diapositive 2.

● Passer à la diapositive 3 qui met le reste en évidence : il doit être inférieur à 4, de sorte que Laura ne puisse plus remplir de sachets.

diapositive 3

● Faire lire la première phrase de la réponse, puis justifier le nombre de sachets (8) par la lecture du calcul.

● Faire lire la seconde phrase de la réponse, puis retrouver le reste dans le calcul.

3. Modélisation de la résolution d'un problème de partage

● Présenter la diapositive 4. Elle sert de transition et annonce le passage aux problèmes de partage.

● Passer à la diapositive 5. Faire lire l'énoncé du problème.

Laura a 35 sucettes. Elle les partage avec Pablo et Éléa.

Combien chacun a-t-il de sucettes ?
Reste-t-il des sucettes ?

Au besoin, l'enseignant précise qu'il faut remplir tous les sachets possibles. La situation explicite ce que Laura fait des sucettes restantes.

L'énoncé pose une question spécifique sur le reste pour attirer l'attention des élèves sur son étude. Cette phase rappelle la procédure à utiliser pour résoudre les problèmes de groupement.

Cette phase individuelle vise à confronter chaque élève au problème du reste.

Groupements Partages Numériques 2

L'enseignant s'appuie sur cet exemple pour fixer la règle générale : **on fait des groupes tant que c'est possible (donc jusqu'à ce que le reste soit inférieur au nombre d'éléments d'un groupe).**

Ce travail permet de modéliser la lecture des deux résultats (nombre de groupes et reste) dans le calcul.

Ce problème a été résolu avec un autre nombre de sucettes lors de la séance 11A.

● Faire remarquer que l'énoncé pose deux questions, comme le problème de groupement.

● Faire écrire l'arbre de calcul par les élèves, sur le cahier de brouillon. (L'enseignant l'écrit dans le même temps au tableau.)

● Attirer l'attention sur le reste intermédiaire (5).
« Il reste 5. Il manque 1 sucette pour qu'on puisse en donner 2 à chacun. Mais on peut en donner 1 à chacun, et il restera 2 sucettes. »

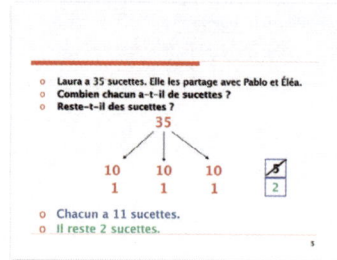

diapositive 5

> L'enseignant s'appuie sur cet exemple pour fixer la règle générale : **on distribue tant que c'est possible** (donc jusqu'à ce que le reste soit inférieur au nombre d'éléments d'un groupe).

● Projeter l'arbre de calcul.

● Si les élèves évoquent la possibilité de donner les deux sucettes restantes à l'une ou l'autre, l'enseignant accepte la proposition (puisque l'énoncé ne précise pas que le partage est équitable).

● Faire lire les deux phrases de la réponse et les faire justifier.

> La situation induit plutôt un partage équitable, mais ne le rend pas obligatoire. **Préciser que tous les partages de la séance seront traités en partages équitables.**

4. Application collective, puis individuelle

● Distribuer la fiche photocopiée « Les groupements et les partages avec un reste différent de 0 ». Faire lire les cadres rappelant ce qui vient d'être présenté.

● Groupements et partages avec reste non nul

● Faire lire la consigne. Expliquer que les problèmes à résoudre sont des groupements et des partages. Il faut donc reconnaître la catégorie pour choisir la bonne procédure.

● Faire résoudre individuellement les problèmes 1 à 6 qui mêlent groupements et partages.

● Les problèmes supplémentaires 7 à 10 sont à destination des élèves ayant résolu les 6 premiers problèmes avant la fin de la séance.

> Les problèmes 1, 2 et 4 sont des groupements. Les problèmes 3, 5 et 6 sont des partages.

> Les formulations employées dans les énoncés favorisent la reconnaissance des catégories.

Résoudre des problèmes de grandeurs et mesures

– Les problèmes portant sur la monnaie, les longueurs, les distances et les masses relèvent du domaine « Grandeurs et mesures ».

– Ils sont abordés en fin d'année de CE1 car ils ne permettent pas une manipulation classique.
En effet, on ne représente pas un mètre par un jeton, ni un kilogramme par un cube.
De même, 1€ est une valeur qui ne correspond pas toujours à une pièce de 1€.

– En l'absence de manipulation, leur résolution impose l'utilisation des opérations et, par conséquent, que chacune d'entre elles soit bien associée aux situations qui lui correspondent. C'est ce qui a été travaillé tout au long de l'année.

– La rédaction de la phrase réponse impose un apprentissage spécifique car les mots clés des questions (distance, somme, masse,…) ne doivent pas être repris, contrairement à ce qui est conseillé habituellement.

⟹ Objectifs de la séquence

Résoudre les problèmes portant sur la monnaie, les longueurs, les distances et les masses par la procédure appropriée :

– Pour résoudre des problèmes d'addition, de soustraction et de multiplication : utiliser la procédure experte.

– Pour résoudre des problèmes de division : mettre en œuvre une procédure numérique.

Plan de la séquence

Elle est constituée de 3 séances :
– séance 15A : Les problèmes portant sur la monnaie ;
– séance 15B : Les problèmes portant sur les longueurs et les distances ;
– séance 15C : Les problèmes portant sur les masses.

Chaque séance commence par un temps collectif :
– rappelant les procédures des 6 catégories de problèmes ;
– apportant les connaissances et les savoir-faire spécifiques à la famille abordée (monnaie, longueurs ou masses).

Matériel

Affichages collectifs

Une fiche outil de catégorisation des problèmes ᵒᵘ **posters 20 à 24** (fiche outil n°4) ou posters 20 à 24 pour la phase de rappel des procédures.

Une présentation PowerPoint ou poster pour la phase d'apport spécifique des connaissances et savoir-faire :
– séance 15A : La monnaie ;
– séance 15B : Les longueurs et les distances ;
– séance 15C : Des grammes et des kilogrammes.

Fiches individuelles à photocopier

– Séance 15A : La monnaie
– Séance 15B : Les longueurs et les distances
– Séance 15C : Des grammes et des kilogrammes

Problèmes portant sur la monnaie

Séance 15A

Rappel collectif des procédures connues ; apport de connaissances et de savoir-faire par l'enseignant ; application individuelle — **50 min**

1. Présentation de la séance

- Annoncer aux élèves que la séance sera consacrée aux problèmes portant sur la **monnaie** et appartenant aux **6 catégories connues**.

- Présenter la fiche outil n°4.

La séance sert d'entraînement à la résolution des problèmes des 6 catégories connues.

La fiche outil n°4 diffère de la fiche outil n°3 sur un seul point. Les données numériques nécessitent la pose de certains calculs.

Fiche outil n°4 ou poster 20

Outil pour apprendre à choisir la bonne opération - CE1/n°4

Je cherche combien il reste.	Je cherche combien ça fait en tout. **Les collections sont différentes.**	Je cherche combien ça fait en tout. **Un nombre est répété plusieurs fois.**	Je cherche combien ça fait pour chacun. **C'est un partage.**
Alexandre avait 85 billes. À la récréation, il en a perdu 47. *Combien lui reste-t-il de billes après la récréation ?*	Hier, Emma a gagné 43 billes à la récréation du matin et 47 à celle de l'après-midi. *Combien a-t-elle gagné de billes dans la journée ?*	Aline a gagné 5 sacs de 24 billes. *Combien a-t-elle gagné de billes en tout ?*	Arthur a 37 billes. Il les partage avec Paul et Léa. *Combien chacun aura-t-il de billes ?*
J'écris et je calcule 85 − 47 = 38	**J'écris et je calcule** 43 + 47 = 90	**J'écris et je calcule** 24 × 5 = 120	**J'écris**
réponse : Il lui reste *38 billes*.	réponse : Elle a gagné *90 billes*.	réponse : Elle a gagné *120 billes*.	réponse : Chacun aura *12 billes*. Il restera *1 bille*.

Je cherche une partie d'une collection.		Je cherche combien ça fait de groupes. **C'est un groupement.**	
Lucas a un sac de 45 billes. Dans le sac, il y a 27 billes rouges et les autres sont bleues. *Combien y a-t-il de billes bleues dans le sac ?*		Paul a 36 billes. Pour les offrir à ses amis, il a rempli plusieurs sacs de 5 billes. *Combien a-t-il fait de sacs ?*	
J'écris et je calcule 45 − 27 = 18		**J'écris et je calcule** 5 + 5 + 5 + 5 + 5 + 5 + 5 + 1 = 36	
réponse : Il y a *18 billes bleues*.		réponse : Il a rempli *7 sacs*. Il reste *1 bille*.	

Ce sont des problèmes de **SOUSTRACTION**	C'est un problème d'**ADDITION**	C'est un problème de **MULTIPLICATION**	Ce sont des problèmes de **DIVISION**

Faire relire les 6 procédures. Faire justifier la pose de calculs (« *Les nombres sont grands.* »)

- Démarrer la présentation PowerPoint avec la diapositive 1 qui rappelle l'objectif de la séance.

2. Apport des savoir-faire et connaissances spécifiques aux problèmes portant sur la monnaie

- Passer à la diapositive 2.

Dans sa tirelire, Max a 3 billets de 5 €, 3 pièces de 2 € et 4 pièces de 1 €. Il veut s'acheter un jeu qui coûte 30 €.
Combien lui manque-t-il ?

- Faire lire le problème et faire remarquer qu'on ne peut pas répondre tout de suite à la question.
« Il faut savoir combien Max a d'argent. »

Le texte ne dit pas explicitement quelle somme possède Max.
Les énoncés de problèmes portant sur la monnaie possèdent souvent cette caractéristique.

Tel qu'il est rédigé, le problème est un problème à 2 étapes puisqu'il faut effectuer un calcul intermédiaire avant de répondre à la question posée.

15A La monnaie

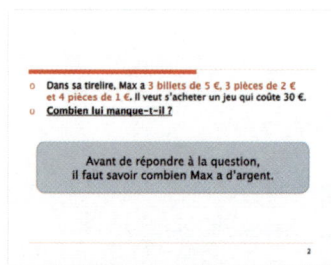

diapositive 2

- Projeter la fin de la diapositive 2.

- Faire calculer cette somme, puis projeter la diapositive 3 qui valide la réponse.

- Faire relire l'énoncé du problème en remplaçant *3 billets de 5 €, 3 pièces de 2 € et 4 pièces de 1 € par 25 €*.

- Passer à la diapositive 4.

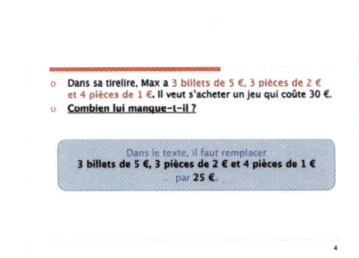

diapositive 4

- Annoncer aux élèves que dans la série de problèmes du jour, ils auront plusieurs problèmes dans lesquels il faudra changer l'écriture d'une information.

- Montrer la diapositive 5 qui sert d'exemple.

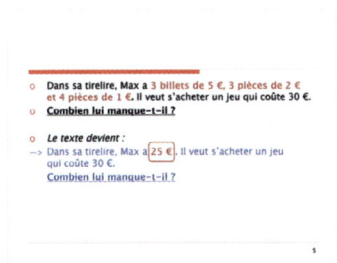

diapositive 5

- Faire répondre oralement à la question, puis projeter la diapositive 6 qui valide et présente la réponse.

3. Application collective, puis individuelle

- Distribuer la fiche photocopiée « La monnaie ». Faire lire le cadre rappelant ce qui vient d'être présenté.

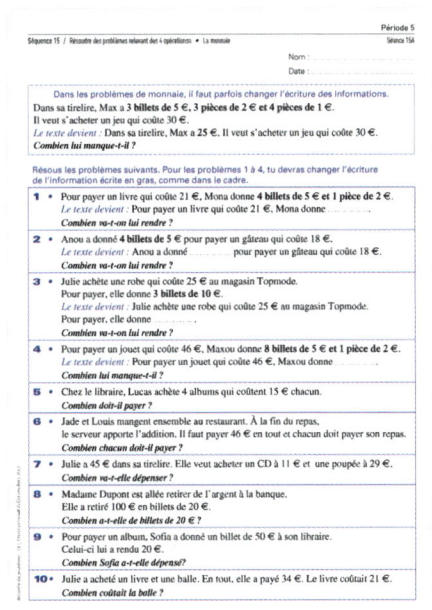

- Faire lire la consigne. La reformuler pour que les élèves comprennent bien que la résolution des problèmes 1 à 4 se fera en 2 temps :
    1) calcul et réécriture de la somme dans le texte du problème ;
    2) réponse à la question posée.

Cette substitution rend le problème conforme à ce que les élèves ont l'habitude de rencontrer.

Les problèmes 1 à 4 sont des problèmes de recherche d'un reste ou d'un complément (problème 4). Les problèmes 5 à 10 permettent d'entraîner les autres procédures.

La monnaie

Problèmes portant sur les longueurs et les distances

Séance 15B

Rappel collectif des procédures connues ; apport de connaissances et de savoir-faire par l'enseignant ; application individuelle   **50 min**

1. Présentation de la séance

● Annoncer aux élèves que la séance sera consacrée aux problèmes portant sur les **longueurs** et appartenant aux **6 catégories connues**.

● Projeter et faire relire la fiche outil n°4.

● Démarrer la présentation PowerPoint avec la diapositive 1 qui rappelle l'objectif de la séance.

La séance sert d'entraînement à la résolution des problèmes des 6 catégories connues.

2. Apport des savoir-faire et connaissances spécifiques aux problèmes portant sur les longueurs et les distances

● Passer à la diapositive 2.
Gégé, l'escargot de Julie, a parcouru 120 centimètres ce matin et 1 mètre cet après-midi.
Quelle distance a-t-il parcourue dans la journée ?

● Faire lire le problème et faire remarquer qu'on ne peut pas répondre tout de suite à la question.
« On ne calcule pas avec des centimètres et des mètres dans la même opération. »
« Il faut que les 2 distances soient exprimées dans la même unité. »

● Projeter la fin de la diapositive 2 qui permet de visualiser le problème posé oralement ci-dessus.

● Passer à la diapositive 3 qui explicite la démarche à suivre :
remplacer 1 mètre par 100 centimètres pour que les deux nombres soient exprimés dans la même unité.

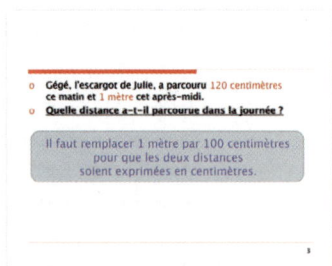

Le problème est formulé avec deux unités différentes, ce qui en l'état rend le calcul impossible.
Il familiarise les élèves avec cette caractéristique des problèmes portant sur les distances.

Il est demandé aux élèves d'utiliser une connaissance (1 m = 100 cm), pas de faire une conversion.

15B Les longueurs et les distances

diapositive 3   *diapositive 4*

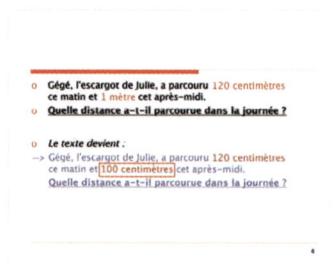

● Montrer la diapositive 4 qui effectue la substitution et servira d'exemple pour la phase individuelle.

● Passer à la diapositive 5. Faire formuler oralement le calcul à effectuer.

● Valider la proposition en projetant la fin de la diapositive qui montre la solution du problème.

La substitution permet de rendre le problème conforme à ce que les élèves peuvent traiter.

- Montrer la diapositive 6 qui reprend la phrase réponse pour attirer l'attention sur sa construction.

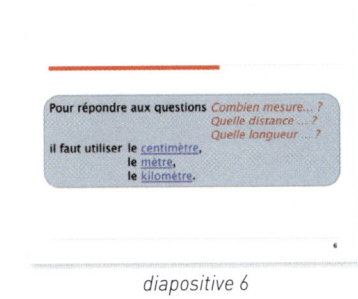

diapositive 6

- Projeter la diapositive 7.
Elle sert d'exemple.

3. Application collective, puis individuelle

- Distribuer la fiche photocopiée « Les longueurs et les distances ». Faire lire les cadres rappelant ce qui vient d'être présenté.

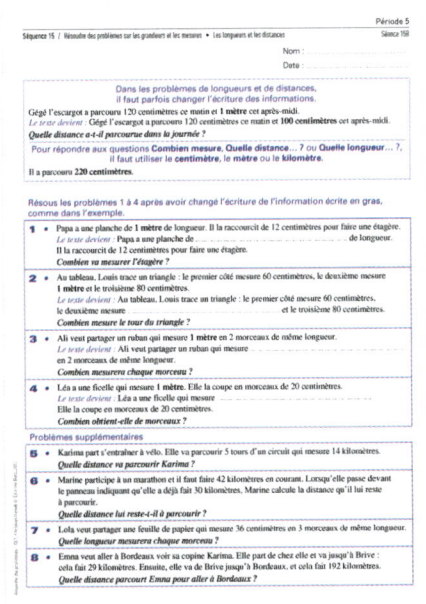

Les longueurs et les distances

- Faire lire la consigne. La reformuler pour que les élèves comprennent bien que la résolution des problèmes 1 à 4 se fera en 2 temps :
    1) calcul et réécriture de la somme dans le texte du problème ;
    2) réponse à la question posée.
- Rappeler que la série des problèmes concerne les 6 catégories connues.
- Faire résoudre les problèmes individuellement.

Problèmes portant sur les masses

Séance 15C

Rappel collectif des procédures connues ; apport de connaissances et de savoir-faire par l'enseignant ; application individuelle

50 min

1. Présentation de la séance

- Annoncer aux élèves que la séance sera consacrée aux problèmes portant sur les **masses** et appartenant aux **6 catégories connues**.

Les questions contiennent souvent les mots *longueur* ou *distance*, et les élèves ont tendance à les utiliser dans leurs phrases réponses (ex. : « *L'escargot a parcouru 220 distances.* »), ce qui est conforme aux habitudes, mais pas pertinent dans le cas des problèmes de longueurs et distances.

Modéliser cette construction des phrases réponses permet de repérer en quoi elles sont différentes de celles rencontrées jusqu'alors.

Cette séance d'entraînement est un temps de l'apprentissage et non d'évaluation ; l'enseignant intervient pour apporter son éclairage auprès des élèves qui en manifestent le besoin.

La séance sert d'entraînement à la résolution des problèmes des 6 catégories connues.

- Projeter et faire relire la fiche outil n°4.

- Démarrer la présentation PowerPoint avec la diapositive 1 qui rappelle l'objectif de la séance.

2. Apport des savoir-faire et connaissances spécifiques aux problèmes portant sur les masses

- Passer à la diapositive 2.

Linlin, le lapin de Julie, pèse 3 kg. Loulou le chat pèse 4 kg. Julie porte les deux en même temps.
Quelle masse Julie porte-t-elle ?

- Faire lire le problème. Demander aux élèves quel calcul permet de répondre à la question. L'écrire au tableau.

- Demander ensuite de formuler la phrase réponse.

- Faire lire la phrase réponse (Elle porte 7 kilogrammes.). Mettre en évidence la non-reprise du mot *masse* et l'utilisation de l'unité kilogramme qui correspond à celle de l'énoncé.

- Projeter la diapositive 3.

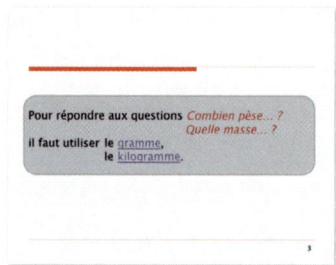

diapositive 3

- Montrer la diapositive 4 qui servira d'exemple.

Exemple : Quelle *masse* porte-t-elle ? ➜ Elle porte 7 *kilogrammes*.

3. Application collective, puis individuelle

- Distribuer la fiche photocopiée « Des grammes et des kilogrammes ». Faire lire le cadre rappelant ce qui vient d'être présenté.

- Rappeler que la série des problèmes concerne les 6 catégories connues.

- Faire résoudre les problèmes individuellement.

Les données sont exprimées en kilogrammes ; il n'y a donc pas de problème de compatibilité des écritures. C'est sur l'écriture de la phrase réponse que doit se porter l'attention.

Cette rédaction peut être individuelle pour favoriser l'émergence de l'erreur attendue (utiliser le mot *distance*).

La diapositive 3 vise à généraliser le propos : dans un problème portant sur les masses, il faut exprimer la réponse dans une unité de mesure de masses.

Cette séance d'entraînement est un temps de l'apprentissage et non d'évaluation ; l'enseignant intervient pour apporter son éclairage auprès des élèves qui en manifestent le besoin.

Des grammes et des kilogrammes

Séquence **16**

Résoudre des problèmes particuliers

– Les informations nécessaires à la résolution d'un problème sont parfois présentées dans un tableau. Le prélèvement des informations est alors une activité de lecture.

– Les élèves sont familiarisés avec la lecture des informations fournies dans les tableaux à double entrée dès l'école maternelle ; cela ne dispense pas pour autant l'enseignant d'en rappeler les codes de lecture.

– C'est l'utilisation des informations pour construire la réponse à une question qui relève du domaine de la résolution de problèmes.

– Les activités de lecture et de résolution de problèmes doivent donc être bien identifiées.

Objectifs de la séquence

– Lire et utiliser un tableau dans des situations concrètes simples.

– Résoudre les problèmes présentés avec un tableau.

Plan de la séquence

Elle est constituée d'une séance (séance 16A) : problèmes présentés avec un tableau.
La séance commence par un temps collectif de résolution d'un problème présenté avec un tableau.
Elle est suivie d'une phase d'application individuelle.

Matériel

Affichages collectifs

Séance 16A : Les problèmes avec tableaux

Fiches individuelles à photocopier

Séance 16A : Les problèmes avec tableaux

Problèmes présentés avec un tableau

Temps collectif pour apprendre à lire et compléter un tableau ;
application individuelle

Séance 16A

50 min

1. Présentation de la séance

● Annoncer aux élèves que la séance sera consacrée aux problèmes présentés avec un tableau.

2. Résolution collective d'un problème présenté avec un tableau

● Présenter la page 1 du document PDF. La faire lire.
Le cross – 3 classes de l'école de Cour-la-Ville sont inscrites au cross. La directrice doit compléter le tableau des effectifs, qu'elle doit renvoyer au plus vite.

● Présenter la page 2.

● Faire lire la question posée : « *Quelles informations peut-on lire dans ce tableau ?* »

● Faire formuler dans une phrase chacune des informations explicites.
Exemple : « *Dans la classe de CE1, il y a 13 filles.* »

> Ce texte présente le contexte du problème qui sera posé aux élèves.

> Cette question vise à identifier les informations explicites du tableau, à distinguer de celles qu'on peut construire.
> **C'est une question de lecture.**

> 🔘 **16A Problèmes avec tableau**

Séquence 16 / Résoudre des problèmes particuliers • Problèmes présentés avec un tableau

Période 5
Séance 16A (2/5)

classes	nombres de filles	nombres de garçons	nombres d'élèves
CP	10	8	
CE1	13	12	
CE2		10	26
total		30	69

Quelles informations peut-on lire dans ce tableau ?

page 2

● Présenter la page 3.

● Faire verbaliser les 4 informations non données dans le tableau : nombres d'élèves au CP et au CE1 ; nombres de filles au CE2 et au total.

> L'objectif de cette phase est d'amener les élèves à **distinguer les tâches de lecture et de résolution de problèmes.**
> Les 4 informations absentes peuvent être construites par le calcul.

Séquence 16 / Résoudre des problèmes particuliers • Problèmes présentés avec un tableau

Période 5
Séance 16A (3/5)

classes	nombres de filles	nombres de garçons	nombres d'élèves
CP	10	8	
CE1	13	12	
CE2		10	26
total		30	69

**Quelles informations manque-t-il ?
Est-il possible de les calculer ?**

page 3

- Faire formuler oralement les 4 questions qui auraient pu être posées pour « faire un problème » :
  - Combien y a-t-il d'élèves au CP ?
  - Combien y a-t-il d'élèves au CE1 ?
  - Combien y a-t-il de filles au CE2 ?
  - Combien y a-t-il de filles au total ?

- Faire calculer les réponses aux questions.

- Présenter la page 4 pour valider les réponses.

- Présenter la page 5.

page 5

Ce travail peut être effectué sur le cahier de brouillon.

Cette page est un exemple qui va servir de modèle pour la résolution d'un problème présenté avec un tableau.

Le calcul et la phrase réponse sont écrits sous la question ; cette disposition sera celle de la fiche de problèmes. Elle permet à l'élève de garder le tableau sous les yeux pendant la résolution du problème.

3. Application collective, puis individuelle

- Distribuer la fiche photocopiée « Les problèmes avec des tableaux ». Faire lire le cadre rappelant ce qui vient d'être présenté.

Les problèmes avec tableaux

- Lire collectivement le problème 1 pour attirer l'attention sur une particularité de cette fiche. Il faudra écrire les calculs et les réponses sur la fiche.

- Faire résoudre les problèmes 1 à 5.

- 2 problèmes supplémentaires sont prévus.

Cette lecture peut être mise à profit pour lire collectivement les informations explicites du tableau.

Les problèmes supplémentaires explorent une autre forme de présentation des tableaux.

Prolongement : Résoudre des problèmes à 2 étapes

- La résolution de quelques problèmes à 2 étapes répond à un objectif de familiarisation.

- Au CE1, les deux questions des problèmes à 2 étapes sont écrites dans l'énoncé.

- Dans les problèmes à 2 étapes, la réponse à la seconde question n'est pas disponible d'emblée.
Il faut d'abord répondre à une question intermédiaire et donc construire une nouvelle information.

Objectifs de la séquence

Résoudre des problèmes à 2 étapes.

Plan de la séquence

Elle est constituée d'une séance (séance 17A) :
Les problèmes à 2 étapes.
La séance commence par un temps collectif
de résolution d'un problème à 2 étapes.
Elle est suivie d'une phase d'application
individuelle.

Matériel

Affichages collectifs

Séance 17A : Les problèmes à 2 étapes

Fiches individuelles à photocopier

Séance 17A : Les problèmes à 2 étapes

La résolution des problèmes à 2 étapes Séance 17A

**Temps collectif pour apprendre à résoudre un problème à 2 étapes ;
application individuelle** **50 min**

1. Présentation de la séance

● Annoncer aux élèves que la séance sera consacrée aux **problèmes à 2 étapes**.

2. Résolution collective d'un problème à 2 étapes

● Présenter la page 1 du document PDF.

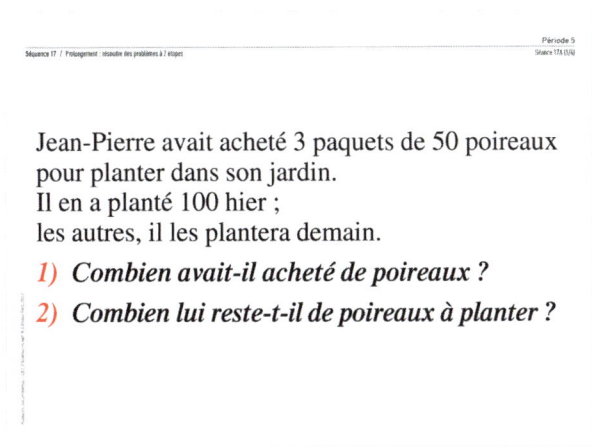

> Séquence 17 / Prolongement : résoudre des problèmes à 2 étapes
> Période 5
> Séance 17A (1/6)
>
> Jean-Pierre avait acheté 3 paquets de 50 poireaux
> pour planter dans son jardin.
> Il en a planté 100 hier ;
> les autres, il les plantera demain.
>
> *1) Combien avait-il acheté de poireaux ?*
> *2) Combien lui reste-t-il de poireaux à planter ?*

page 1

Les élèves ont déjà rencontré un problème à plusieurs étapes lors de la période 3. C'était un problème de recherche. Cette fois, une méthodologie sera enseignée pour apprendre comment résoudre les problèmes appartenant à cette famille.

17A Problèmes à 2 étapes

● Faire lire l'énoncé du problème.

● Expliquer aux élèves qu'il faut obligatoirement répondre à la question 1 pour commencer.

● La faire lire : *« Combien avait-il acheté de poireaux ? »*

● Faire identifier l'information permettant de répondre.

● Demander quel calcul permet de répondre (50 x 3).

● Valider en projetant la page 2 qui présente la réponse à la question 1.

● Mettre en évidence l'information qui a été utilisée.

● Faire de même avec la présentation de la réponse.

● Dire que l'énoncé s'est enrichi d'une nouvelle information qui peut maintenant être utilisée pour répondre à la question 2.

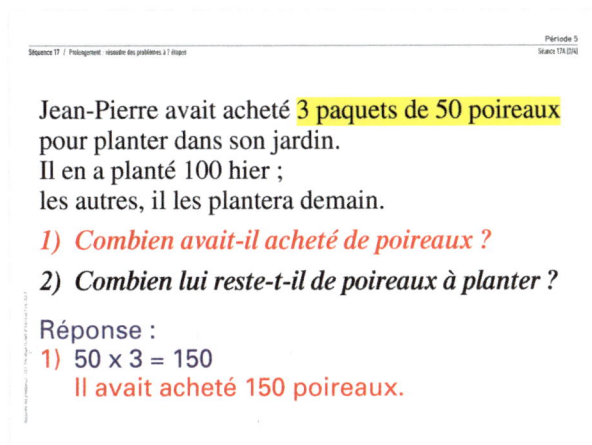

Le repérage des informations permettant de répondre à la question 1 contraint les élèves à laisser provisoirement de côté l'information *« Il en a planté 100 hier ».*

Il faut recopier le numéro de la question.

Il arrive que des élèves s'interdisent d'utiliser des nombres qui ne sont pas dans l'énoncé.

> Séquence 17 / Prolongement : résoudre des problèmes à 2 étapes
> Période 5
> Séance 17A (2/6)
>
> Jean-Pierre avait acheté 3 paquets de 50 poireaux
> pour planter dans son jardin.
> Il en a planté 100 hier ;
> les autres, il les plantera demain.
>
> *1) Combien avait-il acheté de poireaux ?*
> *2) Combien lui reste-t-il de poireaux à planter ?*
>
> Réponse :
> 1) 50 x 3 = 150
>   Il avait acheté 150 poireaux.

page 2

● Faire lire la question 2.

- Faire trouver les 2 informations permettant d'y répondre.
- Demander quel calcul permet d'y répondre.
- Valider en projetant la page 3.
- Mettre en évidence que la réponse à la question 1 a été utilisée.

Séquence 17 / Prolongement : résoudre des problèmes à 2 étapes.   Période 5
                                                                                   Séance 17A (3/4)

Jean-Pierre avait acheté 3 paquets de 50 poireaux
pour planter dans son jardin.
Il en a planté 100 hier ;
les autres, il les plantera demain.
1) *Combien avait-il acheté de poireaux ?*
2) *Combien lui reste-t-il de poireaux à planter ?*
Réponse :
1) 50 x 3 = 150
   Il avait acheté 150 poireaux.
2) 150 – 100 = 50
   Il lui reste 50 poireaux à planter.

page 3

- Montrer la page 4 et la faire lire.

Séquence 17 / Prolongement : résoudre des problèmes à 2 étapes.   Période 5
                                                                                   Séance 17A (4/4)

**Pour résoudre
un problème à 2 étapes.**

a) On répond aux questions
   dans l'ordre.

b) On écrit une réponse
   pour chaque question.

c) On peut utiliser la réponse
   de la question 1 pour répondre
   à la question 2.

page 4

Cette page constitue une méthodologie pour résoudre les problèmes à 2 étapes.

3. Application collective, puis individuelle

- Distribuer la fiche photocopiée « Les problèmes à 2 étapes ». Faire lire les cadres rappelant ce qui vient d'être présenté.

Séquence 17 / Résoudre des problèmes • Les problèmes à 2 étapes   Période 5
                                                                                   Séance 17A

Nom : ....
Date : ....

Pour résoudre un problème à 2 étapes :
a) On répond aux questions dans l'ordre.
b) On écrit une réponse pour chaque question.
c) On peut utiliser la réponse de la question 1 pour répondre à la question 2.

Jean-Pierre avait acheté 3 paquets de 50 poireaux   Réponse :
pour planter dans son jardin. Il en a planté 124 hier ; 1) 50 x 3 = 150
les autres, il les plantera demain.   Il avait acheté 150 poireaux.
1) *Combien avait-il acheté de poireaux ?*   2) 150 – 124 = 26
2) *Combien lui reste-t-il de poireaux à planter ?*   Il lui reste 26 poireaux à planter.

Résous les problèmes suivants.

1 • Pour construire une cabane en bois, Lucas a acheté 2 boîtes de 50 vis. Il a utilisé 40 vis.
    1. Combien a-t-il acheté de vis ?
    2. Combien lui en reste-t-il ?

2 • Julie a cueilli 68 fleurs dans son jardin. En rentrant à la maison,
    elle a pris 20 fleurs pour faire un bouquet. Puis elle a mis les autres dans un panier.
    Ce soir, elle les partagera entre ses deux voisines.
    1. Combien a-t-elle mis de fleurs dans le panier ?
    2. Combien chaque voisine aura-t-elle de fleurs ?

3 •
    Promenade en bateau à bord du *Bellile*
    Horaires de départ : • 9 h   60 places
                         • 11 h
                         • 14 h   Tarif :
                         • 16 h   • Adulte : 10 €
                         • 18 h   • Enfant : 5 €

    Hier, Monsieur et Madame Duciel ont emmené leurs deux enfants faire une promenade
    en bateau. Pour payer, Madame Duciel a donné un billet de 100 €.
    1. Combien a coûté la promenade pour la famille Duciel ?
    2. Combien a-t-on rendu à Madame Duciel ?

4 • Lucas achète 5 CD qui coûtent 15 € chacun. Pour payer, il donne un billet de 100 €
    au vendeur.
    1. Combien coûtent les 5 CD ?
    2. Combien le vendeur doit-il lui rendre ?

5 • Dans sa tirelire, Julie a 4 billets de 20 €. Elle veut s'acheter un lecteur mp3
    qui coûte 58 €.
    1. Combien Julie a-t-elle d'argent dans sa tirelire ?
    2. Quelle somme lui restera-t-il quand elle aura acheté son lecteur mp3 ?

Les problèmes à 2 étapes

- Faire résoudre les problèmes 1 à 5.

Séquence **18**

Évaluation

– L'évaluation permet de faire le bilan des apprentissages menés tout au long de l'année du CE1. Elle doit porter sur les 6 catégories étudiées.

– Chaque problème est évalué sur 3 critères : **la procédure ; le résultat ; la phrase réponse**. Il convient d'**informer les élèves du barème retenu** (1 point par critère et par problème). La procédure : l'opération doit être écrite… Si ce n'est pas le cas, compter ½ point si le résultat est exact. Si c'est un dessin, compter 1 point si le résultat est exact, ½ point si le dessin correspond à la situation mais le résultat est inexact.
Le résultat : 0 pour un résultat inexact, 1 pour un résultat exact.
La réponse : 1 point si la réponse est une phrase bien rédigée et le résultat exact ; ½ point si la phrase est bien rédigée mais le résultat inexact ; 0 dans tous les autres cas.

– Cette évaluation permet à l'enseignant d'effectuer une analyse individuelle et collective des productions.

Au plan individuel :
• Elle indique à quel niveau d'ensemble se situe un élève (70% de réussite correspond à environ 12,5 sur 18).
• Elle permet de connaître le nombre de démarches correctes et donc le niveau de compréhension « global » en résolution de problèmes (ex. : 66% de réussite pour 4 démarches correctes. 83% pour 5 démarches correctes).
• Elle ne permet pas de mesurer avec précision la maîtrise de chacune des catégories de problèmes car 1 problème par catégorie ne suffit pas pour cela. Sur ce point, l'évaluation complète les observations effectuées lors des séances précédentes.

Au plan collectif :
Elle permet de connaître le pourcentage global de réussite de l'ensemble du groupe et le pourcentage de réussite du groupe pour chaque catégorie de problèmes.

Objectifs de la séquence

Évaluer les apprentissages menés au CE1.

– Pour résoudre des problèmes d'addition, de soustraction et de multiplication : utiliser la procédure experte.

– Pour résoudre des problèmes de division : mettre en œuvre une procédure numérique.

Plan de la séquence

La séquence est constituée d'une séance.

Matériel

Fiches individuelles à photocopier

Séance 18A : Évaluation
La série est composée de 6 problèmes, un pour chacune des 6 catégories étudiées au CE1.

Apprentissages menés au CE1
Individuel

Séance 18A
40 min

1. Présentation de la séance

● Annoncer aux élèves que la séance est une évaluation qui va permettre de mesurer ce qui est acquis et ce qui ne l'est pas complètement.

● Distribuer la fiche photocopiée « Évaluation ».

Évaluation

● Expliquer la tâche aux élèves : « Vous allez devoir résoudre 6 problèmes en utilisant à chaque fois la bonne procédure, c'est-à-dire les bons calculs. »

● Faire lire la consigne.

● Préciser que chaque problème sera évalué sur 3 critères :
– la démarche, qui devra montrer qu'on a choisi le bon calcul ;
– le résultat, qui devra être exact ;
– la réponse, qui devra être une phrase bien rédigée.

2. Travail individuel

● Laisser les élèves libres d'avancer à leur rythme, mais imposer le changement de problème aux plus lents (pas plus de 6 minutes par problème – ex. : au bout de 12 minutes, on passe obligatoirement au problème 3).

Ne pas préciser aux élèves que la série est composée d'un problème pour chacune des catégories étudiées.

Certains élèves sont capables d'effectuer certains calculs mentalement. Écrire l'opération peut alors leur sembler inutile… sauf si cela représente un enjeu (prise en compte dans le barème).

Contenu du CD-Rom

Le CD-Rom contient tout le matériel nécessaire au travail des élèves, qu'il soit individuel ou collectif.

Pour accéder aux annexes, ouvrir le fichier « accueil.pdf ». Les signets s'affichent automatiquement. Si ce n'est pas le cas, afficher les signets en cliquant sur l'icône correspondante. Une fois les signets affichés, il faut dérouler les menus en cliquant sur le signe + (ou la flèche sous mac) qui est devant le titre de la ressource souhaitée.

Les fichiers PDF s'ouvrent avec le logiciel gratuit Adobe Reader® (à télécharger sur le site : get.adobe.com/fr/reader/ s'il n'est pas déjà installé sur votre ordinateur).

Individuel

• *Les fiches à photocopier pour les élèves ainsi que leurs corrigés*

Fiche élève

Corrigés

Collectif

- *Des fichiers PowerPoint (proposés au format PDF[1]) à vidéoprojeter*

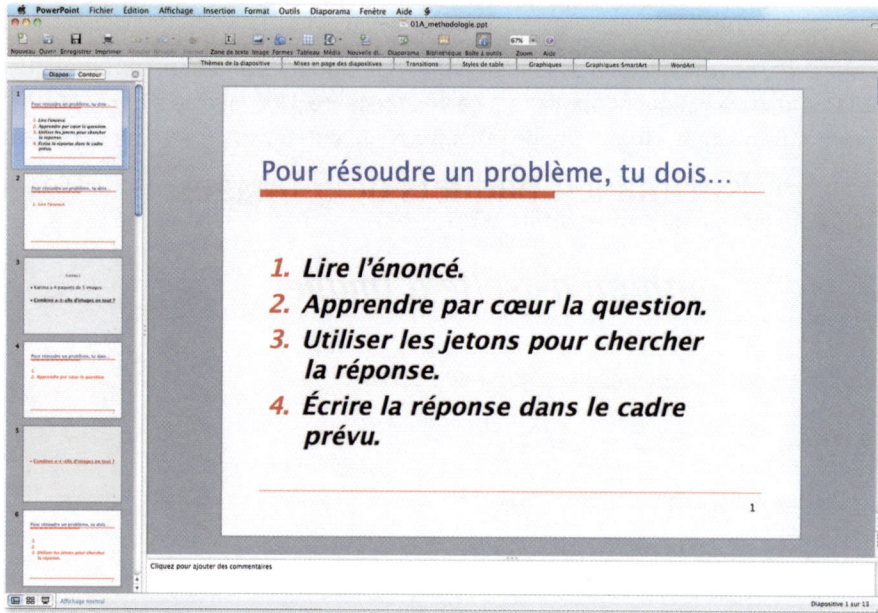

- *Des fichiers PDF à vidéoprojeter*

---

1. Les fichiers *PowerPoint* sont proposés en .pdf car l'ouverture du logiciel *PowerPoint* substitue automatiquement les polices utilisées non présentes sur l'ordinateur par d'autres, ce qui génère des problèmes d'affichage. L'avantage des .pdf est que l'affichage ne change pas, quelque soit l'ordinateur utilisé.

• *Des affichettes à imprimer en A4 si la classe n'est pas équipée de vidéoprojecteur*

Problème 1

Karima a 4 paquets de 5 images.

Combien a-t-elle d'images en tout ?

Problème 2

Léo avait 26 petites voitures.
À la récréation, il en a cassé 12.

Combien lui reste-t-il de petites voitures ?

Problème 3

Lino a fait 24 tomates farcies.
Pour les ranger dans
son congélateur, il les a mises
dans des barquettes de 4.

Combien a-t-il rempli de barquettes ?

Les posters

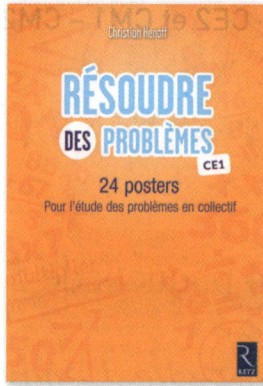

• *au format A2 : 4 posters Fiche outil*

• *au format A3 : 20 posters*

Poster 1

Poster 7

Poster 15